FRIEDRICH POHL

# 1 x 1 des Imkerns

DAS PRAXISBUCH

MIT KOSMOS MEHR ENTDECKEN
**EXTRA**
Wandern mit Bienen
SEIT 1822

KOSMOS

# ☞ Inhalt

# ZU DIESEM BUCH

## WIE WIRD MAN IMKERIN ODER IMKER?

Jeder Interessierte kann Imkerin oder Imker (im Folgenden „geschlechtsneutral“ Imker genannt) werden, sofern man neugierig auf das Geschehen in einem Bienenvolk ist – und diese Neugier stärker ist als die Angst vor dem Stachel dieser höchst faszinierenden Tierchen.

Tausende von Bienen organisieren als Volk ihr Leben selbstständig – der Imker bietet hierfür den passenden Wohnraum, eine Bienenwohnung in Form eines Bienenkastens an. Die Natur liefert den Bienen in Form von Nutz- und Wildpflanzen die Nahrung für die Bienen, die sich beim Nektar- und Pollensammeln mit der Bestäubung der Blüten unbemerkt bedanken. Diese Bestäubungsleistung fördert die Samen- und Fruchtbildung und ist daher ein wertvoller Beitrag zum Erhalt der Natur. Ganz selbstlos ist die Arbeit der Imker nicht, denn ein Teil des produzierten Honigs wird geerntet. Imkerei ist eine wertvolle und spannende Freizeitbeschäftigung, sie bietet Einblicke in den Rhythmus und in Geheimnisse der Natur. Gleichzeitig kann man mit dem Arbeiten an Bienen Ruhe und Entspannung gewinnen – versuchen Sie es einmal! Mit dem ersten Gespräch mit anderen Imkern, mit der ersten Stunde im Imkeranfängerkurs haben Sie sich auf den Weg gemacht, Imker zu werden.

## WAS BENÖTIGT MAN ZUM IMKERN?

Zum Imkern benötigt man einige Quadratmeter Platz, z. B. im Haus- oder Kleingarten, wo Bienenvölker aufgestellt werden können. Für leere Bienenkästen, Rähmchen und Geräte reicht ein kleiner Schuppen oder Platz im Keller und das Schleudern des Honigs kann in der Küche stattfinden.

Besuchen Sie unbedingt einen Imker-Anfängerkurs im Imkerverein, in einem Bieneninstitut oder bei der Volkshochschule. Hilfreich ist auch ein erfahrener „Paten-Imker“. Außerdem ist es immer spannend, einem anderen Imker beim Arbeiten über die Schulter zu schauen. Viele Jungimker bilden auch Arbeitsgemeinschaften und sorgen so für Erfahrungsaustausch. Das Ansehen und Diskutieren von Beiträgen in Zeitschriften und im Internet, von Filmen auf Youtube usw. gehört ebenfalls dazu.

Ich liebe das Arbeiten an den Bienenvölkern und lasse mich gerne von den Bienen „ablenken“ – eine natürliche Form der „Entschleunigung“.

## ARBEITSAUFWAND

Ich kann das Motto „Bienen und Schaf ernähren den Herrn im Schlaf“ für den Teil der Bienen nicht uneingeschränkt bestätigen. Bienen sind jedoch selbstständiger als jedes andere Tier und benötigen in der Winterzeit keinerlei Zuwendungen, so dass Sie sich um „bienenfreie“ Arbeiten kümmern können: z. B. Waben einschmelzen, Rähmchen drahten, Kästen anstreichen.

In den Monaten April bis Anfang Juli schaut man ca. alle 7 – 9 Tage mal kürzer/mal länger in die Bienenvölker. Danach sind nur gelegentliche Arbeiten nötig. Längere Urlaubszeiten lassen sich mit vorsorglichen Eingriffen oder mit der Hilfe von Imkerkollegen überbrücken.

Egal, ob Sie 8 oder 88 Jahre alt sind, Imkern macht viel Freude. Falls Sie körperliche Einschränkungen haben oder Sie sich schonen wollen, können Hilfsgeräte oder andere Sorten von Bienenkästen das Arbeiten erleichtern bzw. das Heben und Tragen minimieren. Auch hierzu erhalten Sie Tipps.

Falls Sie sich immer noch fragen sollten, wie man Imker wird – Sie sind schon längst auf dem Wege!

*Mit Ruhe betrachtet der Imker die Wabe – die Bienen verrichten ungestört ihre Arbeit.*

## FINANZIELLER AUFWAND

Ob sich meine Imkerei finanziell trägt, habe ich nie nachgerechnet. Teuer käme die Imkerei, wenn ich für die Stunden mit den Bienen hätte zahlen müssen. Den gewonnen Honig kann man z. B. im Freundes- oder Bekanntenkreis verkaufen – die Bienen arbeiten zum Glück völlig kostenlos.

Das Aufrechnen von Kosten für die Imkerei ist nicht ganz einfach, da die Ausgaben für die Grundausstattung von der Völkerzahl, der Sorte und dem Zustand der Bienenkästen (neu/gebraucht) als auch dem Weg der Bienenbeschaffung (kostenlosen Schwarm einfangen oder Völkerkauf, Größe der Völker) stark variieren. Erhebliche Einsparungen bieten sich über die Mitbenutzung von Geräten wie Honigschleuder, Wachsschmelzer usw. im Imkerverein oder einer Gruppe kooperierender (Jung-)Imker.

Nach Lektüre des Buches, im Gespräch mit anderen Imkern und beim Durchblättern von Katalogen von Imkerbedarfsläden bekommen Sie eine Idee davon, was Sie für Ihre Bienen ausgeben können. Warten Sie mit dem Einkauf, bis Sie wissen, wie Ihre Imkerei aussehen soll. Nicht einfach: Die Gerätschaften gibt es in vielen Ausführungen!

# DIE HONIGBIENE
## — *Leben im Bienenstaat*

# LEBENSWEISE, KÖRPERBAU UND ENTWICKLUNG

Die Honigbienen, im Folgenden kurz Bienen genannt, leben normalerweise in Höhlen, z. B. vom Specht ausgehöhlten Baumhöhlen, die vor der Witterung wie Regen, niedrigen Temperaturen und Wind schützen. Heute leben Bienen wegen fehlender natürlicher Höhlen und dank der Imker überwiegend in Bienenkästen. So sind die Bienen geschützt und dem Imker wird die Arbeit erleichtert. In Waben aus Bienenwachs werden Vorräte wie Honig und Pollen eingelagert. Jede Wabe besteht aus Tausenden sechseckiger Zellen, die unter optimaler Raumausnutzung eine extreme Stabilität gewährleisten. Ein Bienenvolk bearbeitet eine Vielzahl von Waben für die Brutaufzucht und Lagerung der Vorräte (Honig und Pollen), bei Bedarf werden neue Waben gebaut.

## BIENEN PRO VOLK

Sie schwankt je nach Jahreszeit zwischen rund 10.000 bis ca. 50.000 Arbeiterinnen – im Winter ist das Volk am kleinsten, im Sommer am größten.
Während die Königin ausschließlich Eier legt, werden alle übrigen Tätigkeiten wie z. B. Wachsproduktion, Nestbau, Brutpflege, Nahrungssammeln, Putzen und Verteidigung von den Arbeiterinnen erledigt. Sie sind ebenso wie die Königin weibliche Bienen, jedoch besitzen sie nur rudimentäre Eierstöcke und fliegen niemals zur Begattung aus. An der Begattung sind Drohnen, d. h. männliche Bienen, beteiligt, die im Bienenvolk nur im Frühjahr und Sommer vertreten sind. „Nur" alle Weibchen besitzen einen Stachel.

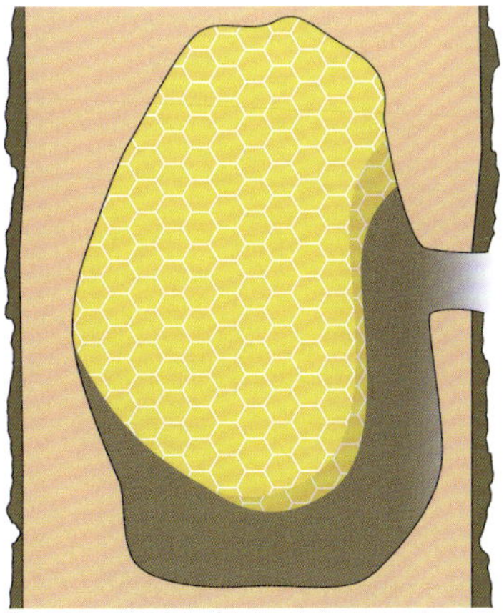

*Die natürliche Behausung der Bienen waren Baumhöhlen, hier: Spechthöhle.*

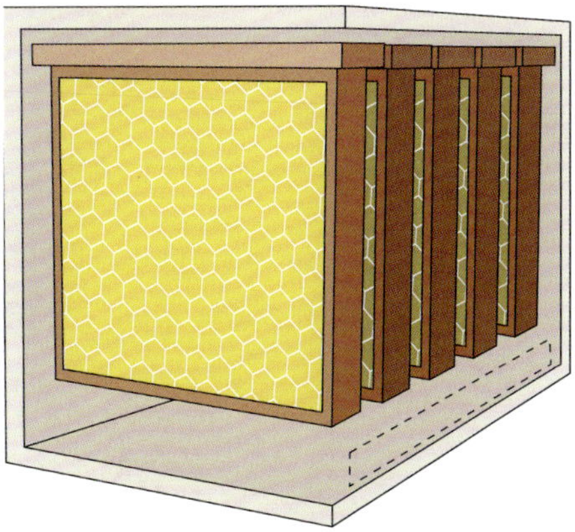

*Der Bienenkasten ist größer und bedienungsfreundlicher (Imker) als eine Spechthöhle.*

# KÖRPERBAU

Die Honigbiene ist wie jedes andere Insekt komplex aufgebaut. Die für den Imker wichtigsten Fakten können nur stichpunktartig skizziert werden:

## KOPF

— Zwei große Komplex- und drei kleine Stirnaugen; ohne bewegliche Linsen;
— zwei Antennen zum Tasten, Schmecken und Riechen; keine Nase;
— Drüsen für die Produktion von Futtersaft und Duftstoffen (Pheromonen);
— röhrenförmiger Rüssel, der bei Nichtgebrauch unter den Kopf geklappt wird;
— kräftige Kiefer zum „Abhobeln" oder zum Kneten von Wachs.

## BRUSTABSCHNITT

Träger von zwei großen und zwei kleinen Flügeln; Vorder- und Hinterflügel werden mit Häkchen zu einer Einheit verbunden. Fluggeschwindigkeit bis 25 km/h.
Sechs Beine mit unterschiedlicher Spezialisierung, z. B. Reinigung der Antennen (Vorderbein), Pollenpresse und Pollenkörbchen (Hinterbein).

## HINTERLEIB

— Sammelmagen (Honigmagen) mit Verschlussventil, damit der Honig getrennt vom Darminhalt transportiert werden kann.
— Stachelapparat mit Giftdrüse. Nur in elastischer Haut bleibt der hakenbewehrte Stachel hängen und der gesamte Stachelapparat reißt ab (Drohnen haben keinen Stachel).
— Wachsdrüsen zur Produktion von Wachsschuppen (Baumaterial für die Waben);
— Drüsen für Duftstoffe.

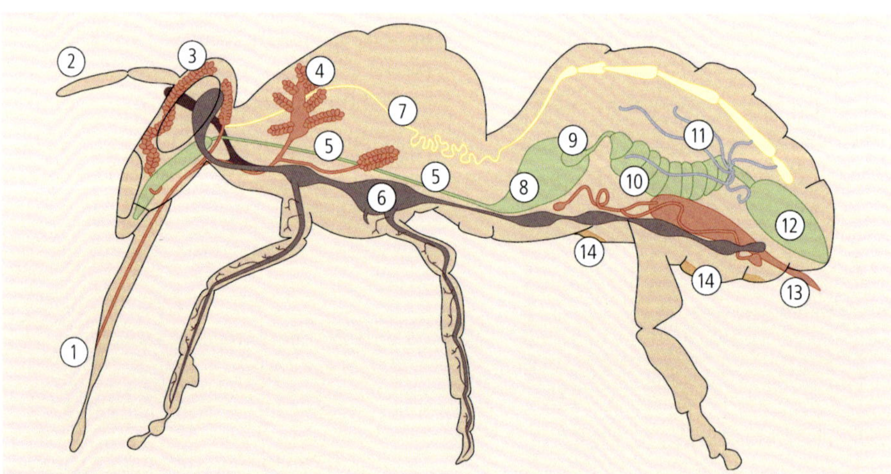


*01 Rüssel*
*02 Antennen*
*03 Futtersaftdrüsen*
*04 Brustspeicheldrüse*
*05 Speiseröhre*
*06 Nervensystem*
*07 Herzschlauch*
*08 Honigmagen*
*09 Honigventil*
*10 Darm*
*11 Nierenschläuche*
*12 Kotblase*
*13 Stachel*
*14 Wachsdrüsen*

**WEITERE ORGANE**

- Weit verzweigtes Tracheensystem für die Atmung; keine Lungen;
- offener Blutkreislauf; keine Adern;
- Strickleiter-Nervensystem;
- Malpighische Gefäße (Nierenfunktion).

## DIE DREI BIENENWESEN

Legt die Königin ein befruchtetes Ei in eine Arbeiterinnenzelle, dann entwickelt sich daraus eine Arbeiterin.
Wenn sie das gleiche befruchtete Ei in eine (eichelförmige) Königinnenzelle legt, entwickelt sich daraus eine Königin, da die Arbeiterinnen die Larve mit dem Königinnenfuttersaft (Gelee Royale) füttern. Das Futter sowie die intensive Betreuung bewirken die Ausprägung der königinnentypischen Merkmale. Die Königinzelle wird anfangs Weiselnäpfchen, später Weiselzelle genannt.
Legt die Königin ein unbefruchtetes Ei, entsteht daraus ein Drohn, eine männliche Biene.
Wie erkennt nun die Königin, ob sie ein unbefruchtetes oder ein befruchtetes Ei legen muss? Bevor die Königin ein Ei in eine Zelle legt, kontrolliert sie die Zelle auf Sauberkeit und misst mit den Vorderbeinen den Durchmesser der Zelle: Arbeiterinnenzellen sind im Durchmesser mit 5,3 mm kleiner als Drohnenzellen (6,9 mm). Die Königin gibt bei der Eiablage in die Arbeiterinnenzelle Spermien aus der Samenblase (befruchtetes Ei) und bei der Drohnenzelle nicht (unbefruchtetes Ei).
Falls eine Arbeiterin Eier legen sollte, werden andere Arbeiterinnen diese erkennen und auffressen. Ansonsten entstünden aus diesen unbesamten Eiern automatisch Drohnen. Nur die Königin macht einen Hochzeitsflug!

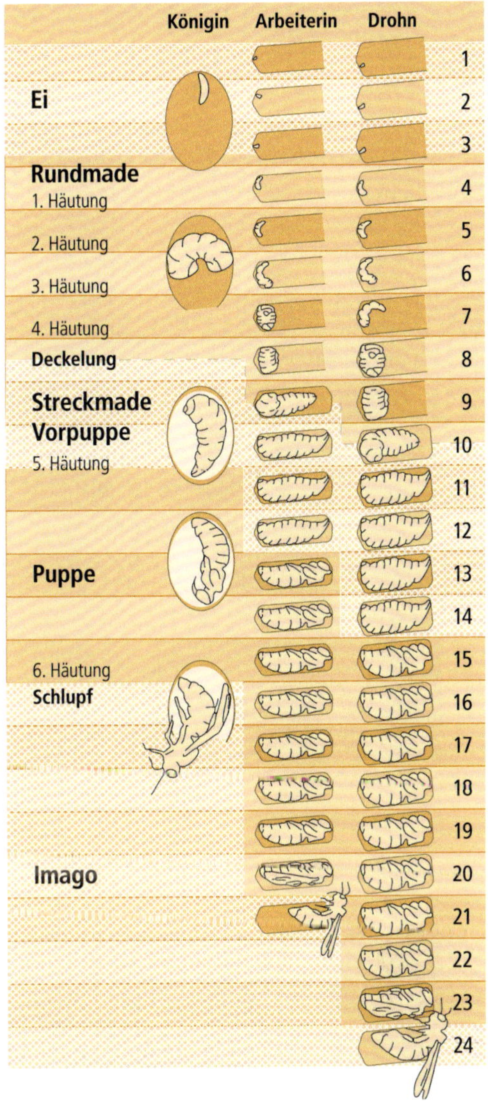


*Vergleich der Entwicklung von Königin, Arbeiterin und Drohn.*

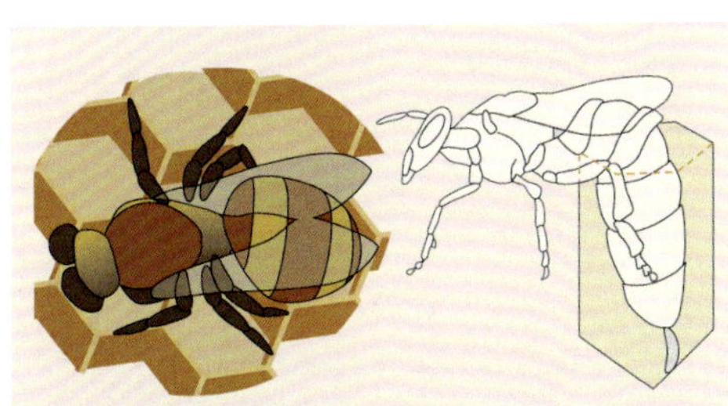

*Königin bei der Eiablage, links von oben, rechts im Schnitt dargestellt.*

## ENTWICKLUNGSDAUER

Die Königin braucht für die Entwicklung vom Ei bis zum fertigen schlüpfenden Insekt 16 Tage, die Arbeiterin 21 Tage und der Drohn 24 Tage. Jede Biene durchläuft in ihrer Entwicklung nacheinander vier Phasen: Ei-, Larven-, und Puppenstadium sowie adultes Tier (Imago), wobei sich das Aussehen des Tieres vollständig verändert, da es eine Metamorphose (Verwandlung) durchläuft. Das längliche Ei (auch Stift genannt) wiegt nur rund 0,12 mg, die schlüpfende Biene mit 100 mg (0,1 g) ein Vielfaches!

*Die Königin umringt von Arbeiterinnen (Hofstaat). Sie ist länger und breiter und hat einen spitzen Hinterleib.*

*Drohen erkennt man an ihren großen Facettenaugen und dem runden Hinterleib.*

*Arbeiterinnen lecken einen Honigtropfen auf – auf den ersten Blick sehen sie alle gleich aus.*

## ☞ KÖNIGIN, ARBEITERIN UND DROHN IM VERGLEICH

| | KÖNIGIN | ARBEITERIN | DROHN |
|---|---|---|---|
| **GESCHLECHT** | weiblich | weiblich | männlich |
| **ENTWICKLUNGSZEIT** | 16 Tage | 21 Tage | 24 Tage |
| **AUFGABEN** | — Eiablage | — Reinigung<br>— Brutpflege<br>— Wachsproduktion und -verarbeitung<br>— Nahrung sammeln<br>— Verteidigung | — Begattung junger Königinnen |
| **LEBENSERWARTUNG** | 4–5 Jahre | Sommer: 2–4 Wochen<br>Winter: 6 Monate | 4–5 Wochen |
| **ANZAHL PRO VOLK** | immer nur eine | Sommer ca. 30.000 bis 50.000<br>Winter: 8.000 bis 10.000 | Sommer bis 2.000<br>Winter: keine/wenige |
| **BESONDERHEITEN DES KÖRPERBAUS** | | | |
| EIERSTÖCKE | voll entwickelt | verkümmert | keine |
| WACHSDRÜSEN | nicht ausgebildet | in bestimmtem Alter und nach Schwarm funktionsfähig (auch vom Futterstrom abhängig) | keine |
| **STACHEL** | funktionsfähig | funktionsfähig | keiner |
| **GESCHLECHTSORGANE** | voll entwickelt | verkümmert | voll entwickelt |
| | Bestehen aus paarigen Eierstöcken mit Hunderten von Eischläuchen, die mit Eiern gefüllt sind, Eileitern, Samenblase (nur nach Begattung gefüllt) und Scheide. | | Setzen sich aus paarigen Hoden, Samenleitern und dem Begattungsschlauch zusammen. |

*Arbeiterinnen sitzen auf den Waben, die Rähmchen wurden mit Wachs und Kittharz überzogen.*

# ABLÄUFE IM BIENENSTOCK

Durch die Beobachtung einzelner Bienen in Beobachtungsstöcken mit Glasscheiben hat man eine altersbedingte Abfolge von Tätigkeiten der Arbeiterinnen festgestellt. Neuere Untersuchungen sprechen für ein nicht starres Schema der Arbeitsteilung. Bei Bedarf und Lebenssituation des Volkes kann eine alte Arbeiterin auch Arbeiten ausführen, die sonst eher von jungen Bienen ausgeführt werden, wie z. B. Brutpflege oder Wabenbau.

## WABENBAU

Die Waben bestehen aus Wachs, das die Arbeiterinnen in den Wachsdrüsen produzieren. Kleine Wachströpfchen werden aus den Drüsen gepresst und erstarren an der Luft zu kleinen Schüppchen. Diese werden mit den Mundwerkzeugen geformt und – mit Speichelsekreten versetzt – zum Wabenbau verwendet. Waben werden nur im Zeitraum Frühjahr bis Sommer gebaut – in der kühlen Jahreszeit wird nicht gebaut. Eine wichtige Voraussetzung für die Bauaktivität ist ein starker Futterstrom (Nektar bzw. Honig) oder der Imker füttert Zuckerwasser. Bienen bauen die Waben meist von oben nach unten, als Baugerüst dienen Arbeiterinnen. Zum Abdichten von Ritzen im Bienenkasten verwenden die Bienen gesammeltes Baum-, bzw. Pflanzenharz, das Kittharz oder Propolis genannt wird. Mit dieser klebrigen Substanz werden Waben oder Teile des Bienenkastens dünn überzogen und durch die Inhaltsstoffe desinfiziert.

# STEUERUNG DER ARBEITEN

Viele Arbeitsabläufe werden in der jeweiligen Biene über Hormone gesteuert. Die Anzahl von unterschiedlichen Vätern führt dazu, dass sich die Arbeiterinnen genetisch und somit auch in der Arbeitsteilung unterscheiden (Halb- und Superschwestern). Die Sammelaktivität ist jedoch gleichzeitig auch von äußeren Bedingungen (Außentemperatur, Wind) und dem Vorhandensein von Stauraum (leere Zellen in den Waben) abhängig. Fehlt es an Stauraum, dann können Stockbienen den heimkehrenden Sammlerinnen nicht das Futter abnehmen. Somit können die Sammlerinnen nicht erneut ausfliegen, sondern müssen warten, bis neue Waben gebaut werden. Sie erahnen, wie komplex die Zusammenhänge sind.

*Arbeiterinnen haben die Wabe ohne jegliche Vorgaben in das Rähmchen gebaut.*

**LEBENSALTER: TYPISCHE TÄTIGKEIT DER ARBEITERIN (nach Seeley 1997)**

**1.–3. Tag**
- Ausruhen (ca. 20 % der Zeit)
- Belaufen der Waben, um Arbeit zu suchen (ca. 20 % der Zeit)
- Aufnahme von Pollen zur Aktivierung der Futtersaft-Drüsen

**3.–12. Tag**
- Ammentätigkeit: Fütterung der Larven mit dem selbstproduzierten Futtersaft
- Versorgung der Königin im Hofstaat
- Deckeln von Brutzellen
- Putzen und Füttern von Stockgenossinnen und Drohnen

**ab 12. Tag**
- Abnehmen des Nektars von heimkehrenden Sammlerinnen. Die in den Futtersaftdrüsen produzierten Enzyme wandeln den Nektar in Honig um.
- Fächeln mit Flügeln zur Belüftung des Stockes
- Putzen und Füttern von Stockgenossinnen und Drohnen
- Kontrolle des Stockeinganges (Wächterbiene)
- Stampfen von Pollen, der in den Zellen abgelegt wurde
- Ausscheidung von Wachsschüppchen und „Verbauen" des Wachses beim Wabenbau

**ab 20. Tag**
- Sammelflüge (Nektar, Pollen, seltener: Wasser oder Propolis)
- nach Rückkehr: Übergabe von Nektar (oder Wasser) an jüngere Stockbienen oder „Selbstentladung" der Pollen in Zellen. Gesammelte Propolis muss von Stockbienen von den Hinterbeinen abgenagt/abgeleckt werden.

## LEBENSERWARTUNG DER ARBEITERINNEN

Die kurzlebige Sommerbiene (2 – 3, selten 4 Wochen) gleicht von außen der langlebigen Winterbiene (6 Monate) völlig. Der Hauptgrund für die unterschiedliche Lebenserwartung liegt darin, dass Winterbienen keine Ammentätigkeit ausgeführt haben. Gleiches geschieht auch im Frühjahr oder Sommer mit Bienen, die in brutlosen Völkern aufwachsen, da dort keine Ammenbienen gebraucht werden: Diese Bienen sind ebenfalls langlebiger – so sichert sich das Volk den Fortbestand!

## VERSTÄNDIGUNG DER BIENEN

Ein komplexer Staat, wie ihn die Bienen bilden, erfordert die Fähigkeit der „Mitglieder", sich untereinander zu verständigen. Dazu haben die Bienen im Laufe der Evolution verschiedene Systeme entwickelt:

*Die Tanzfigur enthält exakte Informationen über die Lage einer Futterquelle.*

1. Die Königin gibt Duftstoffe ab, um ihre Anwesenheit im Bienenvolk zu signalisieren. Außerdem wird hierdurch die Eiproduktion bei den Arbeiterinnen unterdrückt!
2. Arbeiterinnen markieren den Tanzbereich mit Duftstoffen auf der Wabe oder verbreiten Düfte auf dem Flugbrett, insbesondere bei Störungen (Alarmpheromone).
3. Schwingungen in Form von Schallwellen oder die Vibration von Waben: Eine junge Königin signalisiert nach dem Schlupf aus ihrer Königinzelle ihre „baldige Ankunft" im Bienenstock durch Vibrationen, die auch der Imker als „Tüten" wahrnimmt. Die Königinnen in den Zellen antworten mit einem „Quaken". Die Tiere erzeugen die Schwingungen durch Körperbewegungen in Kontakt mit den Zellen bzw. Waben. Die Bienen nehmen die Vibration wahr – kein Hören.
4. In einer vorgegebenen Tanzfigur, einer Acht beim Schwänzeltanz, wird die Lage der Nahrungsquelle im Bezug zum Bienenstock (Richtung und Entfernung) und der Sonne wiedergegeben. Die tanzende Arbeiterin kann die Lage der Tanzfigur auf der Wabe und die Tanzgeschwindigkeit variieren. Der kreisförmige Rundtanz gibt dagegen keine Richtung, nur eine attraktive Nahrungsquelle im Umkreis von ca. 100 m an.

Im Bienenstock ist es völlig dunkel – deshalb kann die Verständigung zwischen den Bienen nur über Duftstoffe, direkten Körperkontakt und Vibrationen stattfinden. Den Bienentanz (Schwänzeltanz) kann man am besten in einem Schaukasten mit Glasscheiben beobachten; beim Kontrollieren von Waben tanzen die Bienen weiter, solange die Wabe nicht waagrecht gehalten wird!

*Die Zellen sind mit frischem Honig gefüllt – später werden sie mit Wachsdeckeln verschlossen.*

# NAHRUNG IM BIENENVOLK

Bienen sammeln zur Deckung ihres Nahrungsbedarfs zuckerhaltigen Nektar und Honigtau, der zu Honig weiterverarbeitet wird, und eiweißreichen Pollen. Beide Produkte werden an Pflanzen gesammelt.

## HONIG

Honig ist für die Bienen das „Hauptnahrungsmittel" zur Deckung der Energiestoffversorgung (Kohlenhydrate). Zugleich stellt er für den Menschen ein hochwertiges und schmackhaftes Nahrungsmittel dar. Im Frühjahr und im Sommer ist die gesammelte Honigmenge in der Regel größer als der Eigenbedarf des Bienenvolks, sodass ein Honigvorrat in den Waben angelegt wird. Während Schlechtwetterperioden, trachtlosen Tagen und im Winter ernähren sich die Bienen von diesem Futtervorrat.

### INHALTSSTOFFE VON HONIG

— 15 – 20 % Wasser
— 38 % Fruchtzucker
— 31 % Traubenzucker
— 5 – 15 % Mehrfachzucker
— 3 % Beistoffe (Enzyme, Vitamine, Mineralien, Hemmstoffe)

Bei den genannten Zahlenwerten handelt es sich um durchschnittliche Zahlen, die je nach Honigsorte unterschiedlich groß sind. Unreifer Honig enthält anfangs viel mehr Wasser!

## ENTSTEHUNG VON HONIG

1. Auf ihren Sammelflügen saugen bzw. lecken Bienen den flüssigen, zuckerhaltigen Nektar direkt an den Nektardrüsen (Nektarien) der Blüten und an anderen Pflanzenteilen auf (a). Neben Nektar sammeln Bienen auch den sogenannten Honigtau, der von Pflanzensaft-saugenden Insekten, wie z. B. Schild- und Blattläusen, produziert wird: Diese Insekten nehmen den stark zuckerhaltigen Pflanzensaft (Siebröhrensaft) auf, von dem sie nur einen Bruchteil der Zucker selbst verwerten. Die Ausscheidungsprodukte enthalten daher zu einem hohen Prozentsatz pflanzliche Zucker, die von den Bienen aufgenommen werden (b).

*Entstehung von Honig*

2. Das Sammelgut (Nektar und Honigtau) gelangt über die Speiseröhre in den Honigmagen und verbleibt dort bis zur Rückkehr in den Bienenstock. Ein Ventil zwischen Honigmagen und dem eigentlichen Darm-Trakt verhindert die Vermischung des Sammelguts mit körpereigenen Verdauungsprodukten. Nur durch ein aktives Öffnen des Ventiltrichters kann die Biene etwas zur eigenen Ernährung vom Sammelgut abzweigen. Dem zukünftigen Honig werden von den Bienen enzymreiche Sekrete aus der Futtersaftdrüse und den Mandibulardrüsen hinzugefügt. Die Enzyme spalten u. a. Mehrfachzucker in leichter verdauliche Einfachzucker.

3. Nach der Rückkehr in den Bienenstock wird das Sammelgut hervorgewürgt und an Stockbienen (Futterabnehmerinnen) zur weiteren Verarbeitung abgegeben.

4. Die weitere Bearbeitung des Sammelguts durch die Bienen hat zum Ziel, den Wassergehalt des Sammelgutes zu senken, um ein Verderben des Honigs (Gärung) zu verhindern. Die Reduzierung des Wassergehalts erfolgt durch Verdunstung bzw. „Lüften des Honigs", indem die Bienen den Honig als Tropfen auf dem Rüssel der warmen, trockenen Luft im Bienenstock aussetzen. Während dieses Vorgangs werden dem Honig ständig Sekrete zugesetzt.

*Arbeiterinnen mit vollen Pollenhöschen zwängen sich durch das Flugloch in den Bienenkasten.*

5. Im nächsten Arbeitsschritt wird der Honig in leere Zellen gefüllt, in denen er eine große Oberfläche bildet. Durch Ventilation mit den Flügeln auf den Waben und am Eingang des Bienenstockes wird die wasserhaltige Luft nach außen gefächert. Sobald der Honig den lagerungsfähigen Zustand erreicht hat, versiegeln die Bienen die Zellen mit Wachsdeckelchen. Für den Imker ist dies ein Zeichen für die Erntereife des Honigs.

# POLLEN

Der Pollen (Blütenstaub) wird von spezialisierten Sammlerinnen an Blütenpflanzen gesammelt. Die Biene übernimmt hierbei die Befruchtung der Pflanze und sichert dadurch die Pflanzenvermehrung über Samen- und Fruchtbildung. Gleichzeitig erhält sie mit den Pollen einen Nährstoff, der rund 30 % Eiweiß, rund 5 % Fette, ca. 40 % Kohlenhydrate sowie Mineralstoffe und Spurenelemente enthält.

☞ *Die Pollenkörner sind mikroskopisch klein (ca. 2 – 200 µm) und haben je nach Pflanzenart ein typisches Aussehen. Auch Honig enthält Pollen – diese „verraten" die Herkunftspflanzen des Nektars bzw. Honigs.*

## SAMMELN VON POLLEN

Die Pollen bleiben beim Blütenbesuch an den Haaren der Biene hängen. Während des Fluges von Blüte zu Blüte wird der Pollen mit Nektar und Speichel angefeuchtet und mit Hilfe der Vorder- und Mittelbeine zu den Hinterbeinen transportiert. Die bürstenförmige Behaarung (Fersenbürsten) an den Hinterbeinen erlaubt der Biene auch das Kämmen des Pollens aus dem Haarkleid. Teilweise sehen die Bienen wie gepudert aus, wenn sie Pollen sammeln.
Letztendlich bildet sich an jedem Hinterbein ein Pollenklümpchen, das durch die Form und Borsten der Beine optimal gehalten wird (Pollenhöschen). Ein Höschenpaar wiegt 20 mg – jährlich benötigt ein Volk für Brutaufzucht und Eiweißbedarf der erwachsenen Bienen ca. 20 – 60 kg Pollen.

*Das Sammeln von Pollen und Nektar erfordert von den Arbeiterinnen viel Geschick und muss erlernt werden.*

Der Pollen wird von der Pollensammlerin selbstständig in Zellen rund um das Brutnest und in äußere Wabenbereiche gebracht. Junge Arbeiterinnen stampfen den Pollen in den Vorratszellen fest. Wenn junge Stockbienen (Ammenbienen) Pollen fressen möchten, bedienen sie sich direkt an diesen Pollenzellen. Zur besseren Konservierung überziehen die Bienen die Pollenzellen im Spätsommer mit einer Schicht Honig. Man spricht hier auch vom „Bienenbrot“.

## POLLENVERSORGUNG

*Von der Ohe* (Bieneninstitut Celle) beschreibt die Verkettung der Bienengenerationen, die in jedem Bienenvolk sehr stark von der Pollenversorgung abhängt: „Genauso wichtig wie ein reichliches Pollenangebot ist für die Amme, dass sie als Larve eiweißreichen Futtersaft bekommen hat, sodass sie als erwachsene Biene auf diese Vorräte in ihrem Fettkörper zurückgreifen kann. Die Versorgung einer Larvengeneration ist nicht nur abhängig von der Ernährung ihrer Ammen (Pollenversorgung der Ammen), sondern auch von der Versorgung dieser Ammen zu ihrer Larvenzeit und damit von dem Entwicklungsstand der vorhergehenden Ammengeneration. Daraus ist der Schluss zu ziehen, dass ein kontinuierlicher Polleneintrag für das Bienenvolk notwendig ist.
Die Pollenversorgung hat auch entscheidende Auswirkungen auf die Legeleistung der Königin: Die Königin wird fast ausschließlich mit Futtersaft versorgt. Wird eine Königin von ihren Ammenbienen (Hofstaat) auf Grund von Pollenmangel und/oder ungenügend entwickelten Futtersaftdrüsen der Ammenbienen schlecht versorgt, kann es zum Eierstockschwund kommen (reduzierte Eiablage). Es gibt keine geeigneten Pollenersatzstoffe, die Pollen in der Ernährung der Bienen auch nur annäherungsweise ersetzen könnten. Daher muss im Bereich eines Bienenstandes während der gesamten Bienensaison ein gutes Pollenangebot für ein Bienenvolk vorliegen.“

☞ *Bienen, die vom Spätsommer bis zum Frühjahr leben (Winterbienen), nehmen viel Pollen auf. Der „Winterspeck“ ist nichts anderes als ein gut gefüllter Fettkörper!*

*Arbeiterinnenbrut entwickelt sich in sechseckigen Zellen, die Königinzelle ist dagegen „eichelförmig".*

*Ammenbienen versorgen die Larven.*

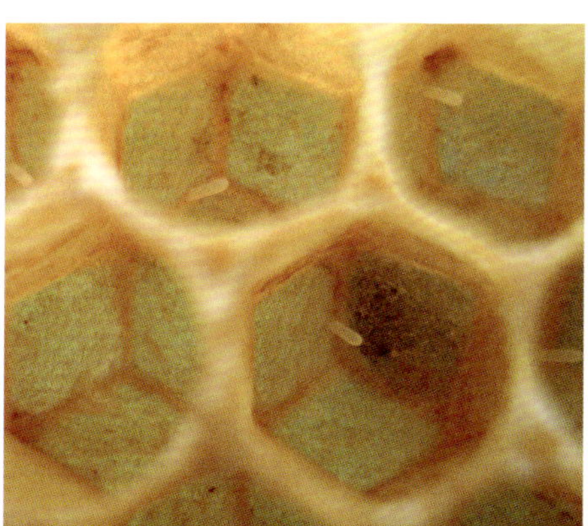

*Das längliche Ei (Stift)steht auf dem Zellboden.*

## FUTTERSAFT UND GELEE ROYALE

Die Larven der drei Bienenwesen erhalten in den ersten drei Tagen ausschließlich Futtersaft. Die Königin bekommt diese von den Ammenbienen produzierte Nahrung in ihrer gesamten Larvenzeit bis zur Verdeckelung der Zelle.

Arbeiterin und Drohn werden ab dem dritten Tag mit einem Gemisch aus Futtersaft, Honig und Pollen gefüttert, bis auch ihre Brutzellen verdeckelt werden.

Die Königin ist die einzige Biene im Volk, die auch nach Schlupf in ihrem erwachsenen Leben den konzentrierten Futtersaft bekommt. Ihr Futter wird auch Gelee Royale oder Weiselfuttersaft genannt.

Nach neueren Untersuchungen erhalten auch Flugbienen noch von Zeit zu Zeit geringe Mengen Futtersaft. Ihr erhöhter Eiweißbedarf ergibt sich durch die starke Muskelaktivität beim Fliegen. Bei einsetzendem Regen fressen Arbeiterinnen nach einigen Stunden jüngste Eier auf, um Eiweiß zurückzugewinnen. Die Eiweißvorräte sind knapp und verlieren schnell an Qualität.

# BIENENPRODUKTE FÜR DEN MENSCHEN

## HONIG

Er ist zweifelsohne das süßeste und leckerste Produkt aus dem Bienenvolk. Die Nutzung als Brotaufstrich oder zum Süßen der Nahrung ist vielen Menschen bekannt. Früher und auch teilweise noch heute wird Honig in der Volksmedizin innerlich und äußerlich angewendet. Dies spricht für seine wertvollen Inhaltsstoffe.
Diabetiker sollten ihren Arzt befragen, inwieweit sie Honig verzehren können. Häufig gibt es hier Einschränkungen.

## POLLEN

Er wird im Handel in getrockneter Form angeboten und von Fachleuten als gesundheitsfördernd eingestuft. Die meisten Imker verzichten auf eine eigene Pollenproduktion, denn die Pollenfalle (an einem Gitter am Flugloch streifen die Bienen ihre Pollenhöschen ab) verhindert, dass das Volk für den Eigengebrauch ausreichend Pollen erhält. Dagegen ist es „unschädlich", den Pollen aus Waben zu kratzen, die in jedem Fall eingeschmolzen werden.

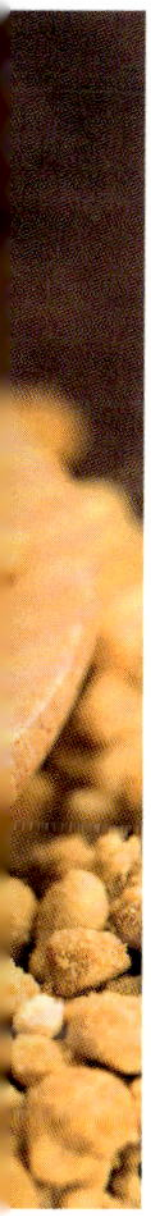

## GELEE ROYAL

Der Königinnenfuttersaft ist in der Heilkunde sehr bekannt. Die „Eigenproduktion" ohne zusätzlichen Aufwand entsteht bei der Schwarmverhinderung: Ausgebrochene Königinnenzellen können nach der Entfernung der Larve ausgeleckt werden. Glaubt man Erfahrungsberichten und Büchern, so ist dies gesund und energiebringend. Die Großproduktion lässt sich nur von erfahrenen Imkern leisten (Arbeitsaufwand und Lebensmittelhygiene).

## WACHS

Es wird beim Verzehr von Wabenhonig mitgekaut und kann auch mit verdaut werden. Wachs schmeckt wie Naturkaugummi.
Es wird in der Naturmedizin wegen seiner antiseptischen und entzündungshemmenden Wirkung äußerlich und innerlich empfohlen.
Kerzen aus Bienenwachs (gezogen, gegossen oder aus Mittelwänden gerollt) erfreuen mit ihrem angenehmen Duft! Wegen ihrer Reinheit waren Kerzen aus Bienenwachs früher sehr wertvoll.

*Sammeln von Kittharz (Propolis): Wie Pollen wird das klebrige Harz an den Hinterbeinen transportiert.*

*Geerntetes Kittharz ist fest und schmeckt gar nicht süß!*

## PROPOLIS

Es ist der komplexeste Wirkstoff als Heilmittel aus dem Bienenvolk. Es gibt eine Vielzahl an Rezepten und Verwendungsvorschlägen auf Grund seiner antiseptischen und entzündungshemmenden Wirkung. Wer sich in seinem Bekanntenkreis umhört, erhält verschiedenste Erfolgsmeldungen bei der Anwendung! Jeder Imker kann das Kittharz durch Auskratzen von Bienenkästen gewinnen – der Verkauf als „Heilmittel" muss unterbleiben, da die Bezeichnung heilend oder gar Arznei verboten ist. Jeder Anwender sollte vorsichtig mit diesem hochwirksamen Naturstoff umgehen und vor Selbsttests einen Arzt oder Heilpraktiker befragen. Für den Handel von Kittharz sind teure Rückstandsanalysen nötig! Die Verwendung als Holzfarbstoff ist dagegen völlig unbedenklich. Die Propolis-Ernte sollte unbedingt vor dem Einsatz von Medikamenten erfolgen (Rückstandsgefahr!).

*Die Sammlerin ist mit Kittharz zurück in den Stock gekommen.*

## BIENENGIFT

Dies erhält der Imker zwangsläufig, denn ein Stich lässt sich irgendwann kaum vermeiden. Sofern Sie nicht Allergiker sind (Verhalten bei Bienenstichen, siehe S. 31), entfaltet das Bienengift auch seine heilsame Wirkung bei Ihnen (u. a. Senkung des Blutdrucks, cholesterinsenkend, antirheumatisch). Heilpraktiker und Ärzte verwenden Bienengift in Form von Injektionen oder Salben.

## APITHERAPIE

Die heilende Wirkung bzw. Nutzung der hier genannten Bienenprodukte, aber auch weitere wie z. B. das Einatmen von Bienenluft oder verdampftem Kittharz gehören in den Bereich der Apitherapie. Das Für und Wider sprengt diesen Rahmen – man sollte sich mit diesem Thema ruhig befassen. Auch der halsschmerzenlindernde Honig direkt aus dem Honigglas oder in einem Tee gehört in diesen Bereich. Unter dem Stichwort Apitherapie finden Sie in der Literatur und im Internet eine Menge Informationen, die man (kritisch) lesen sollte.

**VORSICHT BEI BIENENPRODUKTEN**

- Vergewissern Sie sich, dass Sie nicht allergisch sind. Besonders bei Bienengift, Propolis und Pollen.
- Beginnen Sie mit kleinen Dosierungen. Steigern Sie nur langsam!
- Die Herstellung der Produkte sollte in einer Imkerei erfolgen, die zur Bekämpfung der Varroamilbe nur organische Säuren verwendet. Besonders in Propolis und Wachs sammeln sich Wirkstoffe von Behandlungsmitteln und werden mitverzehrt.
- Verwenden Sie nur saubere Produkte, denn Verunreinigungen können zu nicht kalkulierbaren Nebenwirkungen führen.

# BIENENHALTUNG HEUTE

## — *Der Weg zu eigenen Bienenvölkern*

# KAUF VON BIENENVÖLKERN

Bienenvölker kann man weder im Zoofachhandel noch im Gartencenter kaufen. Für die Ausrüstung gibt es Imkerbedarfsläden, in denen man sich auch beraten lassen kann. Der Internethandel bietet vielleicht eine größere Vielfalt – ein Beratungsgespräch und praktische Hilfen auf diesem Weg sind jedoch kaum möglich!

## IMKERVEREINE

Für das Erlernen von Theorie und Praxis ist ein Imkerkurs unersetzbar. Viele lokale Imkervereine, deren Landesverbände und die Bieneninstitute bieten Kurse für Anfänger und Fortgeschrittene an. Manchmal sind die Kurse auch an andere Institutionen gekoppelt, wie z. B. Volkshochschulen oder Bioverbände. Es gibt auch Kurse zu „alternativen Beuten", besonders durch den Trend zu „Stadtbienen". Vielerorts sind volle Imkerkurse oder Wartelisten keine Seltenheit! Der Imkerkurs ermöglicht auch Kontakte zu Imkern, die Bienenvölker verkaufen.

## IMKER UND ZÜCHTER

Viele Imker bilden mehr Jungvölker (Ableger), als sie für ihre eigene Imkerei benötigen, und bieten diese im Frühjahr/Sommer zum Verkauf an. Neben wichtigen Tipps und Informationen über die Eigenschaften der Bienen bekommt man häufig auch „eine helfende Hand" geboten! Die Anschrift der örtlichen Imkervereine erfahren Sie z. B. beim Imkerverband oder im Imkerbedarfsladen. Auch kommerzielle Bienenzüchter bzw. Berufsimkereien bieten Königinnen, Völker und (Kunst-) Schwärme an. Angebote finden Sie in den Imkerzeitschriften, im Internet und auch in den lokalen Imkervereinen.

## FEUERWEHR UND SCHWARMFÄNGER

Die Feuerwehr fängt meist keine Bienenschwärme mehr ein, sondern lässt dies durch Imker erledigen – Polizei und Feuerwehr führen häufig Adressenlisten von „Schwarmfängern". Sie können sich als „Einfänger"

*Es ist für jeden Anfänger ein gutes Gefühl, wenn ein Patenimker zur Seite steht.*

*Die Schwarmtraube hängt einige Stunden oder wenige Tage am Ast, bis eine neue Unterkunft gefunden ist.*

vormerken lassen (erfahrenen Helfer mitnehmen!) oder einen befreundeten Imkerkollegen darum bitten. Im Internet finden Sie auch Schwarmbörsen – nehmen Sie möglichst Schwärme aus der Region, keinesfalls aus dem Ausland! Niemand kennt in der Regel die Eigenschaften der Bienen des Schwarms und ihren Gesundheitszustand. Sehr kleine und auch späte Schwärme müssen evtl. mit anderen Völkern vereinigt werden. Um dies abschätzen zu können, sind Sie auf einen erfahrenen Imker angewiesen.

## GEEIGNETE BIENENRASSEN

In Europa gibt es ausschließlich die westliche Honigbiene *Apis mellifera*. In Deutschland und Österreich ist die Carnica-Rasse am häufigsten verbreitet und durch Zucht und Selektion zu einer sanftmütigen, fleißigen Biene geworden. Sie finden aber auch andere Rassen und Zuchtlinien – die Diskussion ist „buchfüllend“. Auskunft erteilen Ihnen die Bieneninstitute, Verbände oder Imker vor Ort. Vor Bienen aus dem Ausland mit anderen Klimazonen und Bienenrassen wird gewarnt – besonders wegen der Gefahr der Einschleppung von (neuen) Bienenkrankheiten!

## *Checkliste*

### ZUM BIENENKAUF

- ☐ Bestehen Sie immer (!) auf die Vorlage einer amtlichen Gesundheitsbescheinigung, aus der hervorgeht, dass die Bienen gesund und frei von der Amerikanischen Faulbrut (siehe S. 166) sind.
- ☐ Der Verkäufer sollte darlegen, wann und wie er die Varroamilbe bekämpft hat (siehe S. 152), bzw. wie der aktuelle Befall mit Varroamilben einzuschätzen ist.
- ☐ Die Bienenwaben sollten genau dasselbe Wabenmaß haben, das Sie in Ihrer Imkerei verwenden möchten.
- ☐ Nur Bienenschwärme können Sie auf Rähmchen jeder Größe setzen.
- ☐ Die Waben sollten möglichst hell sein (siehe S. 132 ff.).
- ☐ Das Bienenvolk sollte vital sein und sich der Jahreszeit entsprechend entwickelt haben. Hierbei hilft Ihnen die Beratung durch einen Imkerkollegen.
- ☐ Erfragen Sie unbedingt, wie alt die Königin ist. Eventuell ist sie mit einem Farbplättchen markiert worden, das auf das Alter hinweist (siehe S. 96). Die Königin sollte möglichst jung, keinesfalls älter als zwei Jahre sein. Besonders teure („edle“ oder gar künstlich besamte) Königinnen lohnen für Anfänger nicht, da sie anfangs schnell aus Versehen getötet, z. B. zerdrückt werden können.
- ☐ Angestrebte Eigenschaften der Bienen: Sanftmut, ruhiger Wabensitz und fleißig.
- ☐ Keine ausländische Bienen kaufen (Krankheiten) – einheimische Bienen sind zudem eher an das Klima angepasst.

*Wanderbienenstand am Rapsfeld. Die Paletten schützen auch vor Bodenfrost und Feuchtigkeit.*

# DER RICHTIGE STANDORT

Ihre Bienen brauchen von Frühjahr bis Herbst Nahrung – Nektar und Pollen –, die meisten Städte und manche Dörfer bieten dies, während in der modernen Agrarlandschaft Bienenvölker verhungern können! Machen Sie sich deshalb die Mühe und sehen Sie sich im Umkreis von 3 km vom beabsichtigten Standort genauer um. Bestimmen Sie mit entsprechender Fachliteratur das Pflanzenangebot. Kleingärten, Friedhöfe, Parks, Obstgärten und Baumalleen bieten eine gute Nahrungsgrundlage und einen ausreichenden Honigertrag. Kommt es zu keinem großflächigen Umdenken in der Landwirtschaft, sind auf dem Land auch weiterhin nur zeitweise gute Bedingungen zu finden: Löwenzahn-, Kleewiesen, Lindenalleen, Obstplantagen, Raps- und Phaceliafelder sowie blühende Brachflächen und Randstreifen. Getreide- und Maisfelder bieten keine (ausreichende) Nahrungsgrundlage für Honigbienen!
Im Bedarfsfall muss man mit den Bienen zu einer Massentracht wandern (siehe S. 139) oder die Völker füttern. Wie das Nahrungsangebot vor Ort einzuschätzen ist, kann Ihnen auch ein Imker in der Nähe berichten – es sei denn, er hat Angst, Ihre Bienen fressen seinen Völkern die Nahrung weg (Imkerlatein). Optimal ist ein Blütenangebot über die ganze Bienensaison.

## WASSER

Neben Pollen (Eiweißnahrung) und Nektar brauchen Ihre Bienen immer Zugang zu Wasser (Feuchtwiese, Teich o. Ä.) – vor allem im zeitigen Frühjahr. Die Bienen sollten möglichst an „natürlichen“ Wasserquellen wie einem Teich oder einer Regentonne mit Schwimmer im nahen Umkreis Wasser sammeln können. Die Wasserstelle wird viel mehr angeflogen, wenn sie sonnenbeschienen ist. Falls ein benachbarter Swimmingpool angeflogen wird, kann es zu nachbarlichen Spannungen kommen. Gerade in diesen Fällen ist eine eigene Wasserstelle sinnvoll. Niemand möchte, dass die Bienen ihr Wasser aus einer Kläranlage oder einem Güllebehälter holen (Keimbelastung) – halten Sie hiervon mindestens 500 m Abstand!

*Sonniger und windgeschützter Bienenstand im Garten.*

## STANDORT-BEDINGUNGEN

Die Bienen sollten warm und windgeschützt aufgestellt werden. Bienen lieben die Sonne: Je eher morgens Sonnenlicht auf die Fluglöcher fällt, desto früher sind die Tiere aktiv! Schatten in der Mittagszeit schont dagegen Imker und Bienen! Vermeiden Sie einen feuchten (Tallage mit Gewässer, Bach, Senke oder „Nebelloch“) oder windigen Standort. Wind kann jedoch leicht durch geeignete Bepflanzung oder Sichtschutz-Zaunelemente abgemildert werden – Sie werden sich wundern, um wie viel das Arbeiten mit den Bienen hierdurch erleichtert wird.
Hochspannungsleitungen verursachen meist keine größeren Probleme (evtl. leichte Unruhe der Wintertraube), befahrene Gleise sollten wegen der Erschütterungen mindestens 20 – 30 m (testen!) entfernt sein. Probleme mit Nachbarn vermeiden Sie, indem Sie ausreichend Abstand zum Nachbargrundstück lassen, sodass Ihnen die Aufstellung von Bienen nicht verwehrt werden kann. Sie sollten die Bienen durch eine Hecke oder Sichtschutz-Zaunelemente vom Nachbargrundstück abschirmen bzw. hierdurch die Bienen zwingen, von einer größeren Flughöhe (mindestens 1,80 m) einzuschweben. So verhindern Sie „Bienen-Kollisionen“ mit Menschen.
Bedenken Sie, dass der An- und Abtransport von Honigwaben, Futter oder kompletten Völkern möglich sein sollte. Garagen- oder Flachdächer sind hierbei eine besondere Herausforderung. Für manche Arbeiten (Jungvölker oder Begattungskästchen) benötigen Sie eventuell für einige Wochen einen zweiten Bienenstand. Ich nutze hierfür die Gärten von Freunden, die gern mal Bienen in ihrem Garten haben möchten. Möglich ist auch die Kooperation mit anderen Imkern oder die Aufstellung auf demselben Bienenstand.
Vermutlich machen Sie sich in Sachen „Sicherheit“ Gedanken, egal, ob Sie nun eigene Kinder haben oder Ihre Nachbarn Bedenken äußern: Ein Bienenstand stellt keine erhöhte Gefahr für Mitmenschen dar, denn heutige Bienen sind dank der Zucht äußerst friedlich. Man sollte jedoch Nachbarn darauf hinweisen, dass z. B. prinzipiell Barfuß-

*Bienenhaltung auf dem Balkon.*

laufen auf Kleewiesen eine Stichgefahr bedeutet. Neugierige Gäste sollten die Einflugschneise und den Bereich vorm Flugloch meiden – Sie auch. Machen Sie „geführte Bienenstandbesichtigungen".

☞ *Balkone oder Dachterrassen sollte man nur mit Einverständnis der Vermieter einrichten. Um (Anfänger-)Fehler und mögliche Belastungen der Nachbarn zu vermeiden, empfehle ich diese Standorte eher erfahrenen Imkern.*

## BIENENSTICHE

Ein Bienenstich tut weh – an einigen Körperstellen mehr als an anderen. Wichtig ist es, den Stachel so schnell wie möglich zu entfernen: Die Giftblase arbeitet weiter und der mehrteilige Stachel schiebt sich von allein immer weiter in die Haut. Mit dem Fingernagel den Stachel wegschieben – nicht zusammendrücken! Körperliche Reaktionen wie Rotfärbung und leichtes Anschwellen sind normal und vergehen nach Stunden. Kühlende und abschwellende Salben helfen ebenso wie Hausmittel – fragen Sie Ihren Arzt oder Apotheker. Problematisch sind Stiche im Inneren des Mundes und in den Augäpfeln – Notarzt rufen! Ebenfalls Eile und ärztliche Hilfe sind geboten bei Menschen, die allergisch auf Bienengift reagieren: Sie erleben eine Kaskade von unterschiedlichsten Reaktionen wie Schweißausbruch, Herzrasen und bedrohlichen Kreislaufproblemen (Notarzt). Wer an einer Bienengiftallergie leidet oder leiden könnte, sollte sich vom Arzt beraten lassen.

### TIPPS ZUR VERMEIDUNG VON BIENENSTICHEN

— Direkt vor dem Flugloch in der Einflugschneise sollte sich niemand aufhalten.
— Duftstoffe wie Parfüms oder Rasierwasser können die Bienen reizen.
— Wer die Bienen beobachten will, sollte sich ruhig verhalten und nicht mit den Händen herumfuchteln oder nach Bienen schlagen.
— Bienen können sich leicht in den menschlichen Haaren verfangen. Eine Kopfbedeckung oder ein Bienenschleier verhindert dies.
— Die Sammlerin auf der Blüte ist völlig harmlos, es sei denn, Sie treten (barfuß) auf diese. Der Bienenstich ist dann ein verständlicher, wenn auch schmerzhafter Akt der Selbstverteidigung.
— Tiere, egal ob Nutz- oder Haustiere können ebenfalls gestochen werden, wenn sie Bienen bedrängen oder treten (ggf. Zaun aufstellen).
— Halten Sie für den „Notfall" eine Salbe gegen Insektenstiche (Apotheke) bereit. Unterwegs hilft auch der Breitwegerich, den man in der Hand zerreibt und auf der Einstichstelle aufträgt.

Ein Glas Honig als „Entschädigung" ist sicher ein Anreiz, den Stich schneller zu vergessen.

*Freiaufstellung von Bienen in Kunststoffkästen. Das Untergestell ist höhenverstellbar.*

*Bienenfreistand – das Dach schützt sowohl die Bienenkästen als auch (etwas) den Imker.*

## AUFSTELLUNG DER BIENEN

Wie Sie Ihre Bienen aufstellen, ist von dem Platzangebot für die Bienenkästen, der Art von Bienenkästen (Holz- oder Kunststoffbeuten), den Lagerungsmöglichkeiten von Zubehör und der Größe Ihres Geldbeutels abhängig. Ich empfehle, möglichst einfach zu beginnen und größere Überdachungen ggf. nachträglich aufzubauen – sobald sich der Standort bewährt hat.

### FREIAUFSTELLUNG

Die Bienenkästen werden auf ein Gestell ohne irgendwelche Schutzwände gestellt. Nur wasserdichte Dächer schützen die Kästen vor Regen. Bei Bienenkästen aus Kunststoff sind noch nicht einmal Schutzdächer nötig. Die Bienen sollten mindestens 30 cm über dem Erdboden stehen, damit sie vor Bodenkälte und Feuchtigkeit geschützt sind.
Die Aufstellhöhe entscheidet auch über die (optimale) Arbeitshöhe. Bei der Aufstellung von mehr als 6 – 8 Bienenvölkern sollten Sie 3er- oder 4er-Gruppen bilden, um den Verflug von Bienen einzuschränken.

Bei einetagigen Bienenkästen (siehe S. 42) sind die Einzelaufstellung und 2er Gruppen optimal, da man die Bienenkästen dann von mehreren Seiten bearbeiten kann.

### BIENENFREISTAND

Bei dieser Aufstellung stehen die Bienen in einem je nach Bauart mehr oder weniger geschlossenen Schutzkasten oder mindestens einer Überdachung für Bienen und Imker. Die Bienen (und die Kästen) sind nicht unmittelbar der Witterung ausgesetzt. Außerdem können Sie z. B. Ihre Arbeitskleidung und das gesamte Werkzeug bequem im Stand lagern.
Sie müssen kein Schreiner sein, um einen Bienenfreistand aus Fußbodenbrettern und Kanthölzern zusammenzubauen. Sie können den Stand auch als Wanderstand verwenden, wenn Sie die Wände nicht vernageln, sondern z. B. mit Schlossschrauben verbinden. Ein durchsichtiges (Wellplastik-)Dach bietet ausreichend Licht von oben. Die Höhe des Daches sollte dem Imker ein ungehindertes Stehen und Arbeiten ermöglichen, daher empfiehlt sich eher ein zum Flugloch geneigtes Dach.

*Traditionelles Bienenhaus mit Hinterbehandlungskästen, die übereinanderstehen.*

*Gartenhaus aus Holz – umgebaut für die Bienenhaltung (Magazinbeuten).*

## BIENENHAUS

Das Bienenhaus ist zurzeit aus der Mode gekommen, denn nicht jeder Imker hat ein großes Grundstück. Außerdem ist der finanzielle Aufwand erheblich höher als bei den beiden zuvor genannten Aufstellungsarten. Bevor Sie ein Bienenhaus bauen, sollten Sie die baurechtliche Situation prüfen – je nach Größe und Standort ist eine Baugenehmigung erforderlich.
Die Aufteilung des Bienenhauses soll Ihnen ein angenehmes Arbeiten an den Bienen ermöglichen. Dazu gehört, dass die Bienen ohne Probleme wieder nach draußen fliegen können. Sie sollten vor allen Dingen für ausreichenden Lichteinfall durch Fenster und wenn möglich durch das Dach sorgen. Planen Sie – wenn möglich – Platz für einen Wabenschrank/Wabenkisten, leere Bienen- und Ablegerkästen und eine Arbeitsecke ein. Wenn gar ein Schleuderraum Platz findet, muss dieser bienendicht verschließbar und möglichst mit Strom und Wasser ausgestattet sein (siehe S. 124). Es ist sehr hilfreich, wenn Sie sich in der Planungsphase andere Bienenhäuser ansehen. Einige Fertiggartenhäuser lassen sich auch umbauen.

### RECHTSTELEGRAMM

— Neu eingerichtete Bienenstände sind beim zuständigen Veterinäramt anzuzeigen. (§ 1a Bienenseuchenverordnung, kurz BSVO).
— Das Verbringen von Bienenvölkern ist gesetzlich geregelt (siehe „Wanderung" S. 139 ff.).
— Leere, unbewohnte Bienenwohnungen sind bienendicht zu verschließen (§ 6 BSVO).
— (Größere) Bienenhäuser in Gebieten, für die ein Bebauungsplan besteht, müssen grundsätzlich von der zuständigen Behörde genehmigt werden. Im Außenbereich können nur Bienenhäuser genehmigt werden, die zum Betrieb der Imkerei erforderlich sind (Bundesverwaltungsgerichtsentscheidung in: Baurechtssammlung 28, Nummer 45).
— Kleingärtnervereine können für die Bienenhaltung Auflagen festsetzen, z. B. maximale Völkerzahl, Verpflichtung zur Versicherung, eine Teilnahme am Imkergrundkurs usw.

# TRACHTPFLANZEN

## *— Nektar-, Honigtau- & Pollenlieferanten*

*Kirsche*

Viele verschiedene Pflanzen werden von Bienen zum Sammeln angeflogen, große Nektarmengen werden jedoch nur an wenigen Pflanzensorten gesammelt – pro Volk können dies bei guten Bedingungen mehrere Kilogramm pro Tag sein. Hierfür muss das Wetter den Pflanzen das Wachstum ermöglichen (Temperatur, Feuchtigkeit) und den Bienen das Fliegen (oberhalb von 14 °C, kein Regen, nicht zu viel Wind).
Innerhalb einer Region können die Honigerträge an denselben Trachtpflanzen stark variieren. Dies lässt sich u. a. auf ein unterschiedliches Kleinklima, verschiedene Bodentypen, aber auch abweichend optimale Aufstellungen der Bienen zurückführen: Zum Beispiel garantiert eine Lindenallee noch längst keinen Honigertrag, wenn die Bäume unter Wassermangel leiden oder starker Regen die Blattläuse und damit den Honigtau von den Lindenblättern abwaschen.

### FRÜHJAHRSTRACHTPFLANZEN

Weide, Kirsche, Apfel- und Birnbäume, Pflaume, Johannis-, Stachel- und Himbeere, Löwenzahn, Raps

### SOMMERTRACHTPFLANZEN

Robinie, Kastanie, Linde, Faulbaum, Klee, Senf, Phacelia, Luzerne, Bärenklau, Heide, Brombeere

### HERBSTTRACHTPFLANZEN

Senf, Buchweizen, drüsiges Springkraut, asiatischer Knöterich, Efeu

### HONIGTAULIEFERANTEN

*(bei optimalen Bedingungen)*
Fichte, Tanne, Kiefer, Ahorn, Linde und Eiche. Andere Pflanzen können ebenfalls stark von Läusen befallen sein und somit Honigtau liefern. (nach Herold und Weiß)

*Weide*

*Phacelia*

*Raps*

*Robinie*

*Linde*

*Nadelbäume (Honigtau)*

# WAS DER IMKER BENÖTIGT

## WERKZEUGE

Hier sind die wichtigsten Werkzeuge für das Arbeiten an den Bienen aufgeführt. Spezialwerkzeuge werden in den entsprechenden Kapiteln näher erklärt, in denen sie gebraucht werden.

☞ *Bei allen Arbeiten an den Bienen benötigen Sie Geräte, die Sie in einem Korb oder Kunststoff-Container griffbereit lagern können. Man erleichtert sich das Arbeiten, wenn die Ausrüstung nicht mehr zusammengesucht werden muss (Schwarmzeit!).*

### STOCKMEISSEL

Er ist das wichtigste Werkzeug in der Imkerei – zum Lösen von Waben und Zargen, die nahezu immer mit Wachs und Kittharz verklebt sind. Die Länge des Stockmeißels und seine Form erleichtern den Einsatz als Hebelwerkzeug. Beim Kauf ist zu beachten, dass der Stockmeißel gut in der Hand liegt und auch bei anderen Arbeiten – wie Halten einer Wabe – dort bleiben kann. Von vielen Imkern wird der Wabenheber dagegen nur bei wenigen Arbeiten wie z. B. der Honigernte eingesetzt (ausprobieren).

*Der Stockmeißel ist das vielseitigste Werkzeug, hier zum Abkratzen von Wachsstegen.*

*Mit dem Wabenheber greift man die Wabe und zieht sie aus dem Bienenkasten – viele Imker nehmen hierzu „nur“ die Finger.*

*In die Imkerpfeife wird nur geblasen, damit der Rauch vorne herauskommt.*

*Mit dem Blasebalg wird im Smoker das Feuer am Leben erhalten und der Rauch geblasen.*

## SMOKER ODER IMKERPFEIFE

Zu Beginn und während der Arbeit geben Sie vorsichtig wenige Rauchstöße auf die Bienen. Das verhindert Unruhe und „Angriffe" der Bienen auf den vermeintlichen Feind (Imker) und erleichtert Ihnen das Arbeiten, da die Bienen sich zurückziehen und ruhig bleiben. Früher war die Imkerpfeife sehr verbreitet, heute sieht man sie seltener im Gebrauch. Ihr Vorteil liegt darin, dass man für sie keine freie Hand benötigt und der Rauch immer in die richtige Richtung – entsprechend der Kopfhaltung – geblasen wird. Ein Kugelventil in der Pfeife verhindert, dass man Rauch einatmet. Ich verwende sowohl Smoker als auch Imkerpfeife – je nach Lust und Laune. Für den Smoker benötigt man kurzfristig eine freie Hand, die den Blasebalg zum Erzeugen der Rauchstöße bedient und den Smoker zu den Waben führt. Geräte mit eingebautem Ventilator (Aufziehfeder oder elektrisch) gibt es auch.

Als Imkertabak gibt es Heumischungen im Imkerbedarfsladen, Sie können auch selber Gräser, Rainfarn und andere geeignete Pflanzen trocknen. Trockene Baumrinde oder Tannenzapfen, aber auch Eierkartons sind ebenso verwendbar. Im Handel gibt es auch Anzünder, meist geht es jedoch schneller und geruchsärmer mit einem kleinen Gasbrenner. Verwenden Sie keinen Grillanzünder – der Geruch stört die Bienen! Für kurze Kontrollen kann man auch ausschließlich Eierkartons im Smoker verbrennen.

☞ *Smoker/Imkerpfeife sollte keine Glut speien, sondern einen weißen Rauch abgeben. Er soll auf keinen Fall in der Nähe brennbarer Materialien abgestellt werden und dort nach Abschluss der Arbeiten stehenbleiben. Man kann den Kamin des Smokers auch mit einem Holz oder feuchtem Moos/Gras verschließen.*

## WASSERSPRÜHER

Einige Imker arbeiten an besonders heißen Tagen mit einem Wassersprüher. Bienen mögen keinen „Regen" und ziehen sich in den Kasten zurück (nicht Honigwaben besprühen!). Den Wassersprüher benötigen Sie vor allem beim Einfangen von Schwärmen, zum Anfeuchten und zur Beruhigung der Bienen auf längeren Transporten (durch die Lüftungsgaze sprühen).

*Der Wabenhalter hängt an der Zarge – mehr Schutz für die Waben bietet z. B. ein Ablegerkasten.*

## GÄNSEFEDER UND BIENENBESEN

Beim Arbeiten mit Bienen benötigen Sie einen Gegenstand, um die Bienen von Waben, Beutendeckeln/-folien oder auszuleerenden Bienenkästen zu fegen. Hierfür eignen sich eine Gänsefeder oder ein Bienenbesen – probieren Sie am besten beides aus. Besen und Feder regelmäßig mit Wasser reinigen, besonders wenn sie durch Honig verschmiert sind.

## WABENHALTER ODER WABENBOCK

Zum Arbeiten im Bienenkasten brauchen Sie Platz, deshalb hängen Sie am besten die ersten 1 – 2 Waben in einen Wabenhalter oder Wabenbock. Der Wabenhalter wird außen an eine Zarge gehängt – die dort eingehängten Waben sind ungeschützt, Bienen können herunterfallen. Einen Wabenbock können Sie leicht selber bauen. Ersatzweise können Sie auch z. B. einen Ablegerkasten verwenden, doch das Abfegen der Bienen ist etwas aufwändiger, da die Bienen sich besser „verkriechen“ können. „Innovativ“ ist ein ausrangierter Hobbock, in den Waben hochkant gestellt werden können.

*Hobbock als „Wabenhalter“, je nach Wabenmaß wird die Wabe hochkant hineingestellt.*

Viele Imker verzichten ganz auf derartige Geräte und stellen die erste herausgenommene Wabe schräg an den Bienenkasten. Dies ist nicht ungefährlich: Bienen können ins Gras fallen oder beim Umfallen der Wabe zerdrückt werden – besonders schlimm, wenn dort die Königin saß!

## ARBEITS- UND SCHUTZKLEIDUNG

Tragen Sie glatte Kleidung (keine Wolle, kein Fleece), damit sich die Bienen nicht in den Textilien verfangen können. Die Farbe der Kleidung sollte die Bienen nicht unnötig reizen: Weiß ist optimal – Schwarz reizt und macht Bienen aggressiv. Je „bienendichter" die Kleidung ist, desto weniger Besuch von Bienen haben Sie! Achten Sie deshalb auf eng verschließbare Ärmel und Hosenbeine (ggf. in Socken stecken).

### SCHLEIER

Als Anfänger haben Sie vermutlich nicht die Ruhe zum Arbeiten, wenn Bienen auf Ihren Händen oder in Ihrem Gesicht sitzen. Eine Überreaktion könnte das Fallenlassen einer Wabe zur Folge haben, wovon weder Sie noch die Bienen ruhiger werden. Deshalb rate ich, am Anfang stets mit einem Schleier und evtl. auch mit (dünnen Haushalts-) Handschuhen zu beginnen – ignorieren Sie den Spott von Imkerkollegen. Es kommt auf einen „sicheren" Umgang mit den Bienen an, und dass Sie sich als Imker wohlfühlen. Später werden Sie auf einen Teil oder komplett auf Schutzkleidung verzichten, denn dieser Schutz kann auch stören.

Als Brillenträger haben Sie vielleicht schon festgestellt, dass sich Insekten gern hinter den Brillengläsern aufhalten möchten. Vielleicht werden die Tiere von Lichtreflexionen angezogen. Da ein Bienenstich im Auge sehr gefährlich sein kann, ist gerade bei bebrillten Anfängern ein Schleier sinnvoll. Später haben Sie vielleicht gelernt, wie Sie mit „brenzligen" Situationen umgehen können.

Das Sehen mit einem Schleier ist gewöhnungsbedürftig, da die Gaze (anfangs) die Sicht behindert. Probieren Sie im Imkerbedarfshandel unterschiedliche Typen von Schleiern aus, am besten bei Tageslicht und beim Betrachten von kleineren Gegenständen, die Sie wie eine Wabe halten. Der

*Der Schleier mit Jacke bietet einen bienensicheren Schutz für große und kleine Imker.*

Abstand Auge/Gaze ist sehr unterschiedlich, aber auch sehr entscheidend. Ich habe viel weniger Bienenstiche am Kopf, seitdem ich keine (undichten) Schleier mehr trage – durch Transport wird die Gaze schnell brüchig: Mir reicht ein Kopftuch, ein „Buff" (Halstuch/Kopftuch). Nur in ganz ungünstigen Momenten setze ich einen Schleier auf.

### HANDSCHUHE

Um mit Handschuhen noch ausreichend Gespür zu haben, empfehle ich dünne Haushaltshandschuhe aus Gummi. Falls Sie versehentlich eine Biene drücken, merken Sie den Stich abgemildert, die Hautstelle wird meist nicht dick, da kaum Gift durchdringt.

So lernen Sie, dass Sie etwas ändern und keine Bienen drücken sollten. Honigverklebte Haushaltshandschuhe lassen sich gut mit Wasser abspülen. Lederhandschuhe werden hierdurch und von Kittharz fest und unbrauchbar – außerdem spürt man kaum etwas durch das dicke Material.

### KLEIDUNG UND SCHUHWERK

Tragen Sie eine lange Hose und festes Schuhwerk. Sehr praktisch ist ein Overall, der Ihre Kleidung auch vor Wachsteilchen, Kittharz, Honig oder Bienenkot schützt – z. T. ist der Overall mit integriertem Schleier erhältlich. Sie werden schnell merken, dass Bienen am liebsten vom Fuß her im Hosenbein aufwärtsklettern. Dies lässt sich durch Strümpfe, Gummibänder oder Stiefel verhindern.

## VOR DEM KAUF

Bevor Sie im Imkerbedarfsladen, über Versandhandel oder Internet Gegenstände kaufen, sollten Sie sich bei Imkerkollegen kundig machen. Manche Geräte wie z. B. die Honigschleuder lassen sich im ersten Jahr (oder auch immer) mitbenutzen oder ausleihen. Wer das Imkern als Hobby betreibt, braucht meist nicht betriebswirtschaftlich zu denken und zu handeln. Im Vergleich zu anderen Freizeitaktivitäten wird durch die Honig- und Wachsproduktion etwas Geld wieder zurück in die Kasse fließen. Für manchen Traum muss auch ein Hobby-Imker länger sparen – und dann steht vielleicht eine nagelneue 4-Waben-Selbstwendeschleuder aus Edelstahl mit Elektromotor im Schleuderraum …

### PLATZBEDARF FÜR GERÄTE

Auch eine Stadtwohnung ohne zusätzliche Räumlichkeiten erlaubt das Imkern: Das Honigschleudern erfolgt dann in der Küche, Imkermaterial wird im Keller oder am Bienenstand gelagert. Ein kleiner Schuppen am Bienenstand ist für die Lagerung von Beuten und Waben viel praktischer, auch weil man dort die Waben z. B. mit Säure vor Wachsmotten schützen kann – ohne Säuredämpfe im Wohnhaus.

---

*Checkliste*

### GRUNDAUSRÜSTUNG ZUM IMKERN

- ☐ Arbeitskleidung: (Imker-)Jacke, Hose, Schuhe, Schleier (oder Kopftuch/Buff), Haushalts- bzw. Imkerhandschuhe
- ☐ Stockmeißel
- ☐ Gänsefeder oder Bienenbesen
- ☐ Smoker oder Imkerpfeife, Brennmaterial, Anzünder, Streichhölzer oder Feuerzeug
- ☐ Sprühflasche mit Wasser
- ☐ Königinnen-Clip und Königinnen-Käfig (siehe S. 94)
- ☐ Schraubdeckelglas mit Futterteig zum Verschluss von Käfigen (siehe S. 98)
- ☐ Stockkarte und Stift (oder Gerät mit entsprechender App)
- ☐ Rolle Wabendraht
- ☐ Wabenbock oder Wabenhalter
- ☐ Behälter mit Wasser zum Händewaschen, falls am Bienenstand nicht vorhanden
- ☐ Salbe gegen Bienengift oder „Hausmittel“
- ☐ Garten- oder Bienenhausschlüssel

---

*Der kleine Bienenunterstand bietet Schutz vor der Witterung für Bienen und Imker.*

# BIENENWOHNUNGEN FRÜHER UND HEUTE

Bienen stellen Ansprüche an ihre Bienenwohnung (Höhle) – und dies schon seit Millionen von Jahren bevor es Imker gab: Die Höhle bietet Schutz vor Regen und Kälte, wie z. B. der Hohlraum einer unbewohnten Spechthöhle in einem Baum. Der Eingang ist hier bereits vorhanden. Der minimale Platzbedarf beträgt ca. 25 Liter Volumen. Ein großer Eingriff des Menschen war die Ansiedlung der Bienen in abgesägten und ausgehöhlten Baumstämmen (Klotzbeuten). Werden den Bienen zum Bau der Waben Holzrähmchen angeboten, kann man die darin gebauten Waben samt Holzrähmchen problemlos herausnehmen und wieder zurückstellen. Die Waben sind hierdurch beweglich (mobil) – man spricht von Mobilbau. Demgegenüber waren die Waben in der Klotzbeute oder dem Bienenkorb fest verankert (Stabilbau): Zur Ernte mussten die Waben herausgeschnitten werden.

Die Vielfalt an Bienenwohnungen ist in Europa sehr groß – neben Traditionen war der Trend zur Erleichterung der Bearbeitung der Bienen sehr groß. Während Hinterbehandlungsbeuten (von hinten zu bearbeiten) oder Auszugsbeuten (von hinten, ausziehbar) heute seltener und Bienenkörbe fast gar nicht mehr zu finden sind, ist die Magazinbeute am meisten verbreitet.

*Golzbeute mit zwei Reihen Waben, Imkern ohne zu heben („Innovatives" Untergestell).*

*Die Magazinbeute ist flexibel, erfordert immer ein Abheben und Aufsetzen von Etagen.*

Die Magazinbeute besteht ausschließlich aus stapelbaren Etagen (Zargen) für Waben zum Brüten (Bruträume) und für Honig (Honigräume). Mit einem Absperrgitter können Brut- und Honigräume voneinander getrennt werden. Manche Imker nennen diese Beuten auch „Stapelbeuten", denn das Bearbeiten der Zargen ist immer mit Abheben und wieder Aufsetzen von Zargen verbunden.

## ALTERNATIVE BEUTEN

Hier ein Überblick über einige Alternativen zum Magazin, die auch „Altimkern" teilweise weniger bekannt sind.
Die Lagerbeute ist eine große Kiste, in der in einer oder zwei Reihen die Waben nebeneinander stehen bzw. hängen. Die Kiste ist so groß bemessen, dass sie allen Brut- und Honigwaben genug Platz bietet – eine Erweiterung mit Aufsätzen ist nicht vorgesehen: Hier braucht weder gestapelt noch abgehoben oder aufgesetzt zu werden.

### Typische Vertreter „einetagiger" Beuten

— Bei der Golzbeute stehen zwei Reihen à 17 oder 20 hochformatiger Waben (meist Kuntzsch hoch Waben) nebeneinander, nur getrennt von einem senkrecht stehenden Absperrgitter: Die Waben zum Flugloch bilden den Brutraum, die Waben hinter dem Absperrgitter den Honigraum.
— Die Bremer Beute ist ähnlich aufgebaut, aber die Waben stehen hier im Warmbau.
— Die Bienenbox verwendet das gleiche Wabenmaß wie die Golzbeute, jedoch mit 30 Waben in einer einzigen Reihe hängend, die man ggf. mit einem Absperrgitter oder Trennschied unterteilen kann.
— Die Einraumbeute von Mellifera e.V. enthält bis zu 20 große und hochformatige Dadant-Rähmchen bzw. Waben. Man nutzt Trennschiede bei der Volkentwicklung – bei Bedarf kann man auch hier mit einem senkrechten Absperrgitter die Honigwaben vor der Königin „schützen" bzw. von den Honigwaben abtrennen. Ich experimentiere mit einer ähnlichen Beute

*Oberträgerbeute, hier an Seilen aufgehängt. Alternativ: Untergestell/Beine an der Beute.*

*Bienenkiste – wird zur Kontrolle aufgestellt und der Beutenboden abgenommen.*

(mit 1 ½ Normalmaß Waben), die ich der Form wegen „Bienentruhe" nenne.

- Die Oberträgerbeute (Topbar Hive) ist auch „einetagig", hat jedoch an Stelle von Rähmchen nur Holzleisten (Oberträger), an denen die Bienen die Waben ohne weitere Vorgaben bauen. Diese für die Entwicklungshilfe entwickelte Beute findet auch in Deutschland Zuspruch – es ist ein Imkern mit geringem Aufwand. Trennschiede und Absperrgitter sind ggf. auch einsetzbar.
- Die Trogbeute ist ein Zwitter zwischen Magazinbeute und Lagerbeute mit einem großen Brutraum und aufsetzbaren Honigräumen.
- Seit einiger Zeit gibt es die Bienenkiste, ebenfalls vom Verein Mellifera e. V. entwickelt und propagiert: Eine flache Kiste, deren Waben man nicht für regelmäßige Kontrollen entnehmen kann (mobiler Stabilbau). Die Bienen leben hier ohne große Eingriffe des Imkers – das Hauptziel ist die Bestäubung von Pflanzen und erst nachrangig der Honigertrag. Mit Kenntnissen vom Imkern mit beweglichen Waben kann man viel leichter deuten, was in der Kiste passiert – daher empfiehlt sich der „Mischbetrieb" mit einem Beutentyp mit beweglichen Waben. Denn das Imkern in der Bienenkiste ist wie das Lesen in einem Buch, das man nur etwas aufschlagen kann – die einzelnen Seiten sind nur zu etwa ¼ erkennbar. Für Kenner ist das Imkern hiermit leichter als für Anfänger. Ein Imkerlotse (Imkerpate) kann jedoch diesen Nachteil durch Unterstützung ausgleichen – sonst ist der Frust vorprogrammiert.

In diesem Buch wird überwiegend das Arbeiten in Magazinbeuten beschrieben, da diese Beuten die Mehrheit darstellen. In der Freizeitimkerei geht es jedoch nicht nur um die höchsten Honigerträge, daher erfreut mich das zunehmende Interesse an anderen Bienenbeuten. Wenn man Rückenfreundlichkeit und Kraftsparen beim

Arbeiten an den Bienen sucht, dann kommt man – neben Hebegeräten oder Helfern für Magazinbeuten – an den einetagigen Beuten als sinnvolle Alternativen zur Magazinbeute nicht vorbei.
Bei der Verwendung von anderen Beutentypen muss man teilweise etwas umdenken, wenn bestimmte Arbeiten durchgeführt werden – die Unterschiede sind jedoch nicht so „riesig"! Es schadet daher nicht, die ersten Erfahrungen mit einer Magazinbeute zu machen. Ich halte mit viel Freude Bienen in den unterschiedlichsten Bienenbeuten, ganz nach meinem Motto: „Hebst Du noch, oder imkerst Du schon?"

### EIGENE BEDÜRFNISSE

Vor dem ersten Beutenkauf gilt: Bienenstände und Bienenkästen anschauen und die eigenen Bedürfnisse berücksichtigen. Leihen Sie sich möglichst zuerst Beuten von Kollegen oder vom Imkerverein, damit Sie sich Fehlkäufe ersparen. Eine weitere empfehlenswerte Strategie kann auch sein, die Entscheidung für eine Beute nicht als „lebenslange Entscheidung" anzusehen! Auch kann man Denkverbote wie die Forderung nach einem einheitlichen Wabenmaß auf dem Bienenstand „umgehen": Machen Sie, was Ihnen gefällt, und sammeln Sie Ihre Erfahrungen.

## ☞ RÜCKENFREUNDLICH ARBEITEN
## BEUTENTYPEN IM VERGLEICH

| GESICHTSPUNKT | MAGAZINBEUTE | LAGERBEUTE* | TROGBEUTE |
|---|---|---|---|
| **Beutenraum** | flexibel erweiterbar | nicht erweiterbar | für die Honigwaben flexibel erweiterbar |
| **Arbeitshöhe beim Arbeiten** | wechselt mit jeder Zarge | alle Waben auf einer Ebene – kein Wechseln der Arbeitshöhe | wechselt je nach Honigraum, nur Brutraum ist einetagig |
| **Kraftvolles Heben nötig: Kästen mit Waben und Bienen** | ja, immer | nein | ja, nur die Honigräume |
| **rückenfreundlich** | nur mit Hebegerät oder Helfern beim Tragen | ja – sehr! | nur mit Hebegerät oder Helfern für Honigräume |

*Golzbeute, Bremer Beute, Bienenbox, Einraumbeute, Oberträgerbeute

# MAGAZINBEUTE

Die Ansprüche der modernen, ertragsorientierten Imkerei werden von den Magazinbeuten erfüllt, denn diese lassen sich flexibel an die Größe des Volkes anpassen; der Raumbedarf des Volkes verändert sich erheblich im Verlauf eines Jahres. Die Verhinderung von Schwärmen und die Bildung von Jungvölkern (Ablegern) sind mit den austauschbaren Zargen recht einfach möglich. Jeweils ca. 10 – 12 Waben bzw. Rähmchen mit Waben (je nach Hersteller und Wabenmaß unterschiedlich) hängen in einer Zarge. Man stellt mehrere Zargen übereinander und vergrößert somit den Raum für die Bienen – die Bienen können von einer Etage in die andere gelangen. Die Beute wird an der Unterseite vom Boden abgeschlossen. Der moderne Boden enthält ein Varroagitter (Drahtgitterboden) und eine ausziehbare Unterlage („Bodenschieber", „Gemüllwindel"), auf der sich alle herunterfallenden Teilchen sammeln (siehe Varroamilben, S. 150).
Ein großer Schlitz, z. T. in Höhe und Breite verstellbar, ist das Flugloch, dem meist ein Flugbrett zum Starten und Landen der Bienen vorgelagert ist.
Viele Imker decken die oberste Zarge mit einer durchsichtigen Kunststofffolie ab, damit die Bienen keine Wachsbrücken zwischen den Waben und dem Deckel bauen. Außerdem kann man einen störungsfreien Blick auf das Volk werfen. Alternativ wird eine feine Kunststoffgaze verwendet, die jedoch im Laufe des Sommers von den Bienen mit Kittharz/Wachs verklebt wird.
Die Gaze ist atmungsaktiver als die Folie – vorhandene Luftfeuchtigkeit zieht in die Dämmplatte des Deckels, bei einer Varroabekämpfung ggf. durch Folie ersetzen.
Der Deckel verschließt die Beute nach oben und schützt vor Kälte und Regen. Manche Deckel haben noch eine wetterfeste Abdeckung (Blechdeckel oder Regendach z. B. aus Wellplastik).

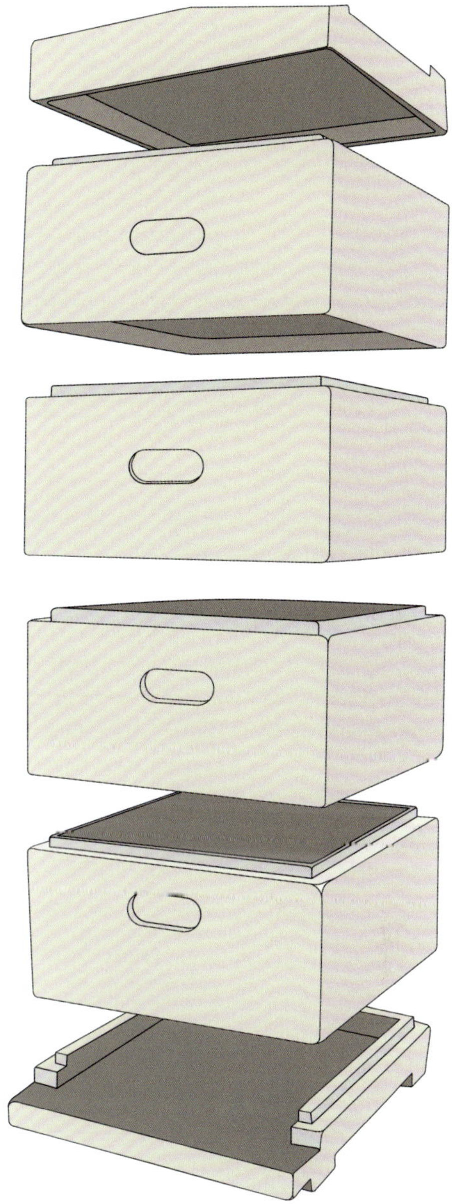


*01 Beutendeckel, schützt vor Wärmeverlust*
*02 Oberer Honigraum = 2. Honigraum*
*03 Unterer Honigraum = 1. Honigraum*
*04 Oberer Brutraum = 2. Brutraum, zeitweise mit Absperrgitter abgedeckt*
*05 Unterer Brutraum = 1. Brutraum*
*06 Beutenboden mit Flugloch, Flugbrett, Varroagitter und Varroaschublade*

*Gewichtssparend: senkrechte halbierte Honigzargen.*

## HOLZ-/KUNSTSTOFFBEUTEN

Bienenbeuten werden heutzutage aus Holz oder Kunststoff (Styropor) hergestellt. Holz hat seinen Vorteil als atmungsaktives und ökologisches Naturprodukt, während Kunststoffbeuten eine höhere Witterungsbeständigkeit und eine gute Wärmeisolation haben. Nachteilig ist die geringe Atmungsaktivität des Kunststoffs. Dieser Nachteil lässt sich aber durch Maßnahmen (z. B. optimale Raumanpassung, Lüftungsgitter im Boden) ausgleichen. Wer eine Biozertifizierung seiner Imkerei anstrebt, ist auf Holzbeuten angewiesen. Das Für und Wider beider Materialien ist ein Thema für sich – Imkern kann man in Beuten aus beiden Materialien.

## EINRÄUMIGER ODER ZWEIRÄUMIGER BRUTRAUM

Es gibt unterschiedliche Wabenmaße, in Deutschland und einigen Nachbarländern sind besonders das Normalmaß und das Zandermaß stark verbreitet. Zwei Zargen bilden dann die Bruträume. Im Trend für Brutwaben sind aber auch größere Wabenmaße, wie z. B. 1 ½ Normalmaß Waben für einen einzigen Brutraum: Das Brutnest wird nicht „geteilt" und für den Überblick über das Brutnest müssen weniger Waben gezogen und kontrolliert werden. Dieses Rähmchenmaß ähnelt tendenziell dem Dadant Maß; bei den großen Brutwaben-Maßen werden für die Honigräume meist ½ hohe Waben verwendet, damit beim Aufsetzen das Raumvolumen nicht zu stark wächst – bei Massentrachten werden mehrere Halbzargen mit Honigwaben übereinander gesetzt. Nachteil: Zwei verschiedene Wabenmaße behindern jedoch den Austausch von Waben – das kann man beim Imkern entsprechend berücksichtigen.
Auch für Normal- und Zandermaß gibt es Halbzargen (½ hohe Zargen), etwas höhere Flachzargen und Dickwaben. Letztere haben so tiefe Zellen, dass die Königin (meist) keine Stifte legen und deshalb auf ein Absperrgitter (siehe S. 75) verzichtet werden kann.
Neu in der Imkerei sind senkrecht halbierte Zargen, die nebeneinander genauso groß wie ungeteilte Zargen sind. Hiermit können sich Imker das Heben von Honigzargen erleichtern und (anders als bei Halbzargen) in den Brut- und Honigräumen mit dem gleichen Rähmchenmaß arbeiten. Diese speziellen Zargen gibt es (noch) nicht für jedes Magazinsystem.

*Deutsch-Normalmaßwaben (von li. nach re.):*

Lassen Sie sich hier von den unterschiedlichen Waben- und Zargenmaßen nicht verwirren. Schauen Sie sich um, was in Ihrer Region üblich ist. Denken Sie an die Anschaffung von Halbzargen und Dickwaben erst, wenn Sie durch eigene Erfahrungen die Vor- und Nachteile besser abwägen können.

## FALZ ODER FALZLOS?

Einige (viele) Magazin-Typen besitzen eine Falz, damit die Zargen besser übereinander gestapelt werden und nicht mehr verrutschen können. Ein Nachteil hiervon ist die erhöhte Gefahr, Bienen beim Aufsetzen von Zargen in diesem Bereich zu quetschen. Auch lassen sich Zargen mit Falz schwerer ankippen – für eine kurze Kippkontrolle. Einige falzlose Zargen sind mit einem Kipp- oder Sicherungsmechanismus ausgestattet, andere nicht. Um Vor- und Nachteile gegeneinander abwägen zu können, sollte man sich beide Konstruktionstypen genauer anschauen und sich bei Praktikern informieren.

## ANSTRICH DER BIENENBEUTEN

Bienenkästen (besonders aus Holz) sollten Sie mittels Farbanstrich vor Verwitterung schützen. Verwenden Sie dabei nur bienenfreundliche Farben (Imkerbedarfshandel). Durch verschiedene Farben, besonders an den Böden/Flugbrettern können Sie den Bienen die Orientierung erleichtern und beugen dem Verflug vor. Beuten immer nur außen anstreichen!

Zu jedem Bienenkasten gehört eine eindeutige Nummerierung, um z. B. die Probennahme zur Untersuchung von Futterkranzproben oder die Anwendung von Medikamenten gegen die Varroamilben dokumentieren zu können. Auch beim Wiederauffinden und Identifizieren gestohlener Völker kann die Kennzeichnung (Brennstempel) und Nummerierung hilfreich sein.

*1 ½ Wabe, ganze Wabe, Flachwabe, Halbwabe*

### HÄUFIGE WABENMASSE

- Deutsch-Normalmaß (DN) 39,4 cm breit, 22,3 cm hoch DN 1 ½ 33,8 cm hoch, DN ½ 12,5 cm hoch, DN flach (*) Zander 47,7 cm breit, 22 cm hoch, Zander 1 ½ 33,5 cm hoch, Zander ½ 11 cm hoch, Zander flach (*)
- Kuntzsch hoch (Golzbeute) 28 cm breit, 33 cm hoch
- Dadant (US), Brutwabe 48,2 cm breit, 28,5 cm hoch, Honigwabe 14,1 cm hoch, flach (*)
- Dadant (Blatt), Brutwabe 47 cm breit, 30 cm hoch, Honigwabe 16 cm hoch
- Langstroth 48,2 cm breit, 23,2 cm hoch, ¾ 18,5 cm hoch, flach (*), ½ 13,7 cm hoch
- Österreich Normalmaß 40 cm breit, 22,3 cm hoch, flach (*)
- Schweizer Brutraum, Brutwabe 29,7 cm breit, 36 cm hoch, Honigwabe 17,7 cm hoch

(*) Rähmchen in „flach"-Ausführung mit einer Höhe von 15,9 cm

### STELLUNG DER WABEN

In quadratischen Bienenbeuten können Sie die Waben quer zum Flugloch (Querbau = „Warmbau“) oder längs (Längsbau = „Kaltbau“) hängen. Es gibt bisher keine messbaren Vorteile für eine der Wabenstellungen; die Bienen entwickeln sich bei Quer- und Längsaufstellung der Waben gleich gut. Beim Ziehen/Heben von Waben in Längsbau ist allerdings ein Arm gestreckt, der andere gebeugt: Die Wirbelsäule/der Rücken wird stärker belastet. Diese Belastung ist beim Arbeiten mit Waben im Querbau geringer. Wer die Kontrolle der Völker durch Ankippen durchführt, kann die Waben nur in Längsbau aufstellen (siehe S. 86) – ansonsten würden die Waben hin- und herschwanken und ggf. Bienen zerquetschen. Das Ankippen wird gern von Imkern mit vielen Völkern zur Zeitersparnis gemacht, doch den genauen Zustand der Völker erfährt man nur durch das Kontrollieren der einzelnen Waben!

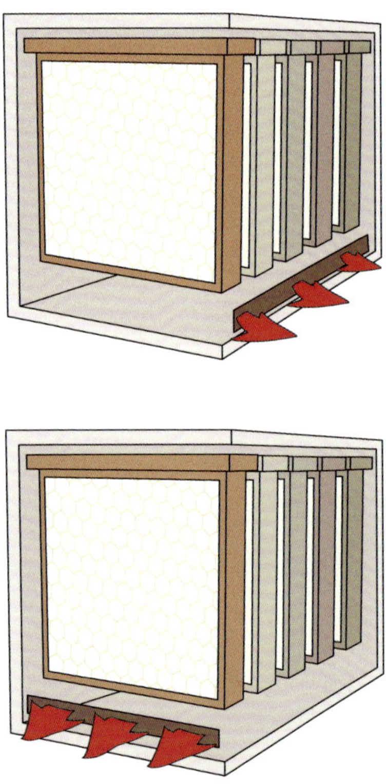

*Schematische Darstellung von Waben im Kaltbau (oben) und Warmbau. Bei quadratischen Magazinbeuten kann man den Beutenboden drehen.*

## RÄHMCHEN UND WABEN

Imker lassen die Bienen ihre Waben in Rähmchen bauen, damit man die Waben einzeln kontrollieren, zur Ernte schleudern und danach wieder benutzen kann.
Die Stabilität der Wabe wird durch eine Wachsplatte (Mittelwand) weiter erhöht. Diese wird an einem im Rähmchen gespannten Draht befestigt. Die Bienen bauen diese künstlich gegossene oder gewalzte Wachsplatte (100 % reines Bienenwachs) beidseitig zur Wabe aus. Mittelwände gibt es für die unterschiedlichen Wabenmaße im Imkerbedarfshandel – sie können aber auch selber mittels Gussform hergestellt werden. Klammern zum Fixieren der Mittelwand – anstelle des Drahtes – haben sich nicht durchgesetzt. Als Drohnenbaurahmen verwendet man völlig leere Rähmchen, in die die Bienen im Frühjahr überwiegend Drohnenzellen bauen. Man kann auf Vorgaben wie Mittelwandstreifen am Oberträger völlig verzichten.

### DIE WABENGASSE

Zwischen zwei Waben sollte immer ein Abstand von 10 mm sein (Wabengasse, „Bienenabstand“). Ist der Abstand kleiner, können die Bienen die Waben/Zellen schlechter oder gar nicht bearbeiten; ein größerer Abstand führt zu breiteren Waben (Wabenüberbau) oder Wildbau zwischen den Rähmchen. Da beides nicht erwünscht ist, wird der Abstand durch Abstandshalter (an den Rähmchen) gesichert. Diese sorgen für die richtige Tiefe der Wabengasse. Der Abstand von Wabenmitte (Mittelwand) zur nächsten Wabenmitte beträgt 35 mm.

*Rähmchen mit Brutwabe – ein Kranz mit verdeckeltem Honig umgibt die Brut (Futterkranz).*

*Hoffmann-Seitenteile müssen regelmäßig gepflegt werden, damit sie nicht breiter werden.*

*Die herausgenommene Wabe passt nur (wieder) in die Beute, wenn alle Waben den richtigen Abstand haben.*

*Trotz unterschiedlicher Abstandshalter müssen die Abstände zwischen den Waben gleich groß sein.*

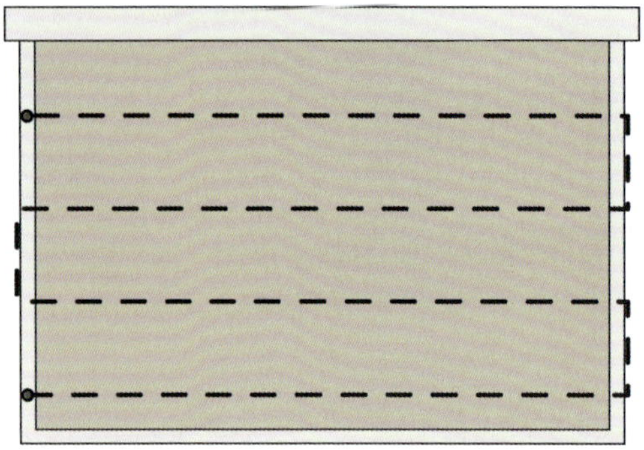

*Längsdrahtung des Rähmchens, bei Großwaben wird bis zu 6 x gedrahtet.*

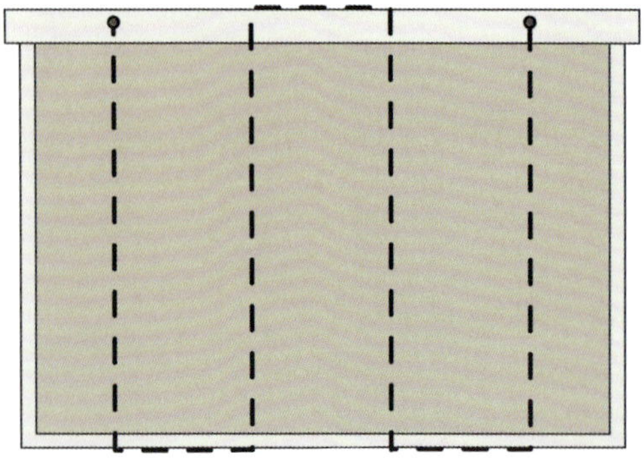

*Querdrahtung des Rähmchens; häufig verläuft der Draht in einer Rille (Oberträger).*

## AUFBAU EINES RÄHMCHENS

Das Rähmchen setzt sich aus dem Oberträger, zwei Seitenteilen und dem Unterteil zusammen. Mit den beiden „Ohren" hängt es in der Zarge. Im Handel sind die Rähmchen sowohl in Teilen zum Selbstzusammenbauen als auch komplett, gebohrt und gedrahtet erhältlich. Die Preise variieren je nach Hersteller und Holzsorten (Buchenteile sind härter als Kiefernleisten, wodurch die Rähmchen stabiler sind).

Modifikationen in der Ausführung sollte man sich erklären lassen, neben dickeren („modifizierten") Oberträgern ist der Abstandshalter entscheidend: Die „Hoffmannseitenteile" sind so breit gestaltet, dass 2 Rähmchen bereits die Wabengasse bilden – daher diese Rähmchen immer dicht aneinanderstellen! Die Bienen verkitten diese Rähmchen häufig, das Lösen erfordert mehr Kraft und die Rähmchen müssen regelmäßig mit dem Stockmeißel von Wachs/Kittharz befreit werden. Bei anderen Abstandshaltern, wie z. B. Abstandsröllchen, Polsternägel oder Abstandsbügel, haben die Holzteile der Rähmchen keinen direkten Kontakt miteinander und können daher nicht verkittet werden. Fragen Sie Imkerkollegen nach ihren Erfahrungen.

## BOHRLÖCHER

Haben Sie vor, die Löcher für den Wabendraht in die Ober- oder Unterträger zu stanzen, dann ist der Kraftaufwand in den harten Leisten höher als bei weichen. Alternativ bohrt man mit Bohrmaschine, Mehrkopfbohrmaschine oder Akkuschrauber.

## LÄNGS- ODER QUERDRAHTUNG

Bei fertig gebohrten Rähmchen ist häufig schon eine Rille für den Draht vorhanden. Zweckmäßig ist es, den Draht dann auch so zu führen.

Bei der Längsdrahtung können (weiche) Seitenteile stark nach innen gebogen werden, was nachteilig ist. Dieser Effekt tritt bei

*Die breiten Hoffmannseitenteile müssen dicht an dicht stehen.*

*Die Polsternägel halten die Rähmchen auf Abstand.*

*Die Löcher werden in die Rähmchen gebohrt oder gestanzt.*

hochformatigen Waben, z. B. „Kuntsch hoch“, stärker als bei „Normal- oder Zandermaß“ auf. Je dichter die Drähte nebeneinanderliegen, desto stabiler sind die Waben, z. B. 4 Drahtungen sind es bei Normalmaß-Waben, 6 bei 1 ½ Normalmaß-Waben.

## NÄGEL ZUM BEFESTIGEN DES WABENDRAHTS

An zwei möglichst rostfreien Nägeln (z. B. 2 x 12 mm) wird der Wabendraht – unter straffer Spannung – befestigt. Es hat sich als praktisch erwiesen, die Nägel am Oberträger zu befestigen. Für die Finger – zum Greifen der Waben – sollte jedoch ausreichend Platz sein (ausprobieren!).
☞ *Je nach Position der Bohrlöcher, der Abstandshalter oder der Spannrichtung des Drahtes können auch andere Positionen der Nägel sinnvoll sein (testen!).*
Die Nägel können normalerweise ca. 4 – 5 mm herausstehen (Nachspannen des Drahtes). Verbreitet ist aber auch das völlige Einschlagen der Nägel.

## WABENDRAHT

Stahldraht oder Nirostadraht? Im Imkerbedarfsladen erhalten Sie beide Drahtsorten, als Entscheidungshilfe einige Fakten: Waben, die mit Stahldraht befestigt wurden, lassen sich leichter mit einem Messer ausschneiden (siehe S. 132). Verwenden Sie jedoch einen Dampfwachsschmelzer für komplette Waben, dann ist der Nirostadraht langlebiger. Außerdem kann man hinterher die „schlaffen“ Drähte überwiegend mit einem Wabendrahtspanner zeitsparend wieder auf Spannung bringen. Weiterer Nachteil des Stahldrahtes: Die Ameisensäure bei der Varroabekämpfung greift ihn deutlich an (Rostbildung). Auch bei der Reinigung mit Ätznatronlauge (siehe S. 150 f.) ist der Nirostadraht langlebiger als Stahldraht. Dagegen kann man sich beim Greifen der Waben an den Drahtenden beim steiferen Nirostadraht leichter verletzen. Entscheiden Sie selbst – ggf. nach Diskussion mit Imkerkollegen. Beim Naturwabenbau verzichtet man auf die Mittelwand, evtl. auch auf den Wabendraht.

### ÖSEN – ODER NICHT?

Früher wurde jedes Loch mit einer Öse versehen, die in die Bohrung gedrückt wurde. Diese verhindert, dass der Draht in das Holz reißt – besonders in weiches Holz. Einige Imker stört das nicht.

## DRAHT EINZIEHEN UND SPANNEN

Die Drahtrolle kann man auf einer Achse sich frei drehen lassen, leichteres Abrollen.

### Arbeitsschritte

1. Ziehen Sie den Draht wie abgebildet durch die Bohrung des Rähmchens.
2. Wickeln Sie ein Drahtende um den dazugehörigen Nagel.
3. Straffen Sie den Draht; halten Sie mit dem Daumen an den Rähmchenleisten die Spannung, wenn Sie mit den Fingern umgreifen müssen.
4. Befestigen Sie das zweite Drahtende an dem anderen Nagel. Das Rähmchen ist jetzt fertig gedrahtet. Der Draht sollte so straff sein, dass man auf ihm „Gitarre" spielen könnte. Evtl. muss man den Draht erneut nachspannen. Zur Erleichterung des Nachspannens kann der Nachspanner verwendet werden.

☞ *Die Drahtung können Sie auch schon im Winter vorbereiten: Ziehen Sie den Draht in das Rähmchen, befestigen Sie jedoch nur ein Drahtende. Das Spannen sollte erst kurz vor dem Befestigen der Mittelwand erfolgen, da sich der Draht mit der Zeit längt.*

## EINLÖTEN DER MITTELWAND

Zum Einlöten werden die Drahtenden mit einem speziellen Niedervolt-Transformator verbunden. Der (Schwach-!)Strom erwärmt den Draht und die Mittelwand backt an dem Draht an. Verwenden Sie nur Transformatoren, die eine Spannung von 12 – 24 Volt abgeben; arbeiten Sie nie direkt mit 220 Volt – dies ist lebensgefährlich. Optimal ist ein Einlöttransformator (Imkerzubehörhandel), alternativ können Sie evtl. ein Batterieladegerät für PKW, einen Spielzeugeisenbahntrafo oder eine Autobatterie verwenden.

### Arbeitsschritte

1. Legen Sie das gedrahtete Rähmchen auf eine ebene Unterlage.
2. Legen Sie die Mittelwand auf den Draht, bündig am Rähmchenunterträger.
3. Verbinden Sie die Transformatorkabel mit den Nägeln (Drahtenden). Vorsicht, der Draht wird heiß!
4. Unterbrechen Sie die Verbindung zum Transformator, sobald der Draht die Mitte der Mittelwand erreicht hat.

*Beginnend nahe einem Nagel wird der Draht eingezogen.*

*Ein Drahtende wird am Nagel befestigt, der Draht wird gespannt.*

*Mit dem Wabendrahtspanner können Drähte nachgespannt werden.*

*01 Die Mittelwand wird vorsichtig auf den Wabendraht gelegt – viele Imker lassen zum Oberträger Platz.*

*02 Der Waben-Einlöttraffo wird mit beiden Drahtenden verbunden, der Wabendraht wird warm und die Mittelwand sinkt im Wachs.*

*03 Den Kontakt zum Einlöttraffo rechtzeitig stoppen, damit der Wabendraht mittig in der Mittelwand „kleben" bleibt.*

*04 Wenige „nicht verlötete" Stellen des Wabendrahtes sind kein Problem, evtl. den Draht vorher mehr straffen.*

*05 Eindeutig zu langer Stromfluss – viel eher den Kontakt lösen! Die Wachsstreifen kann man einschmelzen.*

### Typische Fehler beim Einlöten

1. Zu kurz eingelötet: Der Draht ist größtenteils noch außerhalb der Mittelwand. Noch einmal den Trafo für einen kurzen Moment anschließen.
2. Zu lange eingelötet: Die Mittelwand fällt durch den Wabendraht und ist nicht mehr verwendbar: Die Mittelwandstreifen lassen sich noch als Baustreifen oder für Kerzen verwenden.
3. Schief eingelötet oder am Oberträger anliegend eingelötet: Die Bienen haben hiermit keine Probleme. Üben Sie weiter.

## Checkliste

### RÄHMCHEN BOHREN, NAGELN, DRAHTEN

**Neue Rähmchen**

- ☐ Nägel zum Befestigen des Drahtes
- ☐ Abstandhalter (nicht für Rähmchen mit breiten Schenkeln: Hoffmannseitenteile)
- ☐ Rähmchenlocher (Stanze) oder Bohrmaschine/Akkubohrer mit 2,5 mm Bohrer (oder 1,5 mm, wenn keine Ösen verwendet werden)
- ☐ Hammer und Zange
- ☐ Bohrschablone (selber anfertigen)
- ☐ Wabendraht (Stahldraht oder Nirostadraht)
- ☐ Ösen
- ☐ Drahtspanner (erleichtert das Spannen)

**Mittelwand einlöten**

- ☐ Jeweils eine Mittelwand pro Rähmchen
- ☐ Einlöttrafo
- ☐ Stromanschluss

# DIE VIELFALT MACHT ES SPANNEND

## — *Steckbriefe von Imkern und Imkerinnen*

### JÜRGEN (75 JAHRE)

**Imkerkurs** vor 3 Jahren
**Beginn der Bienenhaltung** vor 3 Jahren
**Aktuelle Völkerzahl** 4
**Beutentyp** Beginn mit Bienenkiste, jetzt imkert er ausschließlich in Einraumbeuten
**Besonderheiten** Eine Einraumbeute gekauft, drei Beuten selber gebaut. Die Bienenkiste war ihm zu umständlich: zu schweres Heben der vollen Beute, kein einfaches Kontrollieren der Waben, „klebrige" Ernte mit zu vielen verklebten Bienen. Er hat jetzt viel Freude beim Ziehen und Kontrollieren der Waben. Stellt ausschließlich Presshonig her.

### JAN (88 JAHRE)

**Imkerkurs** vor 40 Jahren
**Beginn der Bienenhaltung** half als Kind in der väterlichen Imkerei mit; eigene Bienen vor 40 Jahren
**Aktuelle Völkerzahl** mindestens 8 Völker
**Beutentyp** (heute) Mini-Plus Beuten als Wirtschaftsvölker, (früher) Magazine und Golzbeuten
**Besonderheiten** Hat sich selbst die Betriebsweise mit den Mini-Plus Ablegerkästen entwickelt: 3 Zargen mit je 6 Wäbchen als Bruträume, Absperrgitter, darüberstehen 2 Zargen Honigräume. Erntet 15 kg Honig je Volk. Hat seit einigen Jahren eine Motor-Schleuder – die hätte er sich schon früher gönnen sollen! Hat als Ausbilder vielen Imkern u. a. das Handwerk zur Bienenzucht vermittelt.

## AGNIESZKA (34 JAHRE)

**Imkerkurs** vor 5 Jahren
**Beginn der Bienenhaltung** vor 5 Jahren
**Aktuelle Völkerzahl** 4 Wirtschaftsvölker
**Beutentyp** Golzbeuten
**Besonderheiten** Hat nach dem Imkerkurs (Magazinbeuten) direkt mit Golzbeuten begonnen. Sie hat keine Lust zum Heben und Tragen schwerer Honigzargen. Sie schleudert ihre Waben bei einem befreundeten Imker mit eigener Schleuder.

## MARCUS (32 JAHRE)

**Imkerkurs** nimmt gerade teil
**Beginn der Bienenhaltung** vor einem Jahr mit einem starken Brutableger
**Aktuelle Völkerzahl** 9 Wirtschaftsvölker
**Beutentyp** Kunststoff-Magazine
**Besonderheiten** Einige Völker auf einem Flachdach, Material-Transport mit Fahrrad, arbeitet am Lehrbienenstand mit.

## JONAS (33 JAHRE)

**Imkerkurs** vor 6 Jahren
**Beginn der Bienenhaltung** vor 6 Jahren
**Aktuelle Völkerzahl** 25
**Beutentyp** Magazinbeuten
**Besonderheiten** Hat bereits im 2. Imkerjahr 8 Bienenvölker gehalten – dank der Völkerzahl sammelte er sehr schnell Erfahrungen.

### KIDS IN (FAST) JEDEM ALTER

In jedem Alter können Kids beim Imkern helfen und mit zunehmenden Fähigkeiten auch irgendwann selbstständig eigene Bienenvölker führen. Je nach Art der Bienenbeute werden Waben allein, zusammen mit anderen Kids oder anderen Helfern (ab-)gehoben.

# ARBEITSSCHRITTE — *Aus- und Einwinterung*

# DIE ERSTEN EIGENEN BIENEN

Jetzt geht es los! Vermutlich stellen Sie sich viele Fragen, von „wann und wie beginnen“ bis „welche Arbeiten Sie über das ganze Jahr verteilt erwarten“?

## GEEIGNETE JAHRESZEIT

Viele Imker starten im zeitigen Frühjahr mit einem Ableger (Jungvolk), der im letzten Jahr gebildet wurde und den Winter gut überstanden hat. Sie können von diesem Volk Honig ernten – wenn alles gut läuft.
Preiswerter ist der Start im Frühsommer mit einem neu gebildeten Brutableger oder Ableger mit Königin, denn das eher kleinere Volk wird mit großer Wahrscheinlichkeit erst im nächsten Jahr Honig bringen, da es noch wachsen muss.
Egal, womit Sie beginnen: Bei Bienenvölkern mit Waben ist es wichtig, dass das Wabenmaß übereinstimmt – sonst gibt es Umstellungsprobleme. Einen Schwarm kann man dagegen in jede Art von Beuten einschlagen: Die Bienen sind völlig flexibel und werden in jedem Rähmchenmaß ihre Waben ausbauen. Es ist dem Zufall überlassen, wann in der Zeit von April bis Ende Juni ein (erfahrener) Imker einen Schwarm einfängt bzw. Sie beim Einfangen unterstützt. Über den lokalen Imkerverein oder über Schwarmbörsen (Internet) kann man versuchen, einen Scharm zu erhalten.
Ein Kunstschwarm ist dagegen ein vom Imker zusammengestellter „Schwarm“: Es werden Bienen aus einem oder mehreren Völkern abgefegt und eine gekäfigte Königin zugesetzt. Das Volk muss außerhalb des Flugradius der Herkunftsvölker aufgestellt werden. Für die Bildung benötigt man starke Völker, die z. B. in der Schwarmzeit geschröpft werden (siehe S. 103).
Wer mitten in der Bienensaison ein voll ausgewachsenes Wirtschaftsvolk kauft, bezahlt den höchsten Preis und den „Ernteausfall“ mit. Im Herbst dagegen ist das Bienenvolk schon eingefüttert und hat die Varroabekämpfung hinter sich – auch dies wird im Kaufpreis eingerechnet sein.
Im Winter kauft oder bewegt man keine Bienenvölker, denn die Bienen überstehen den Transport nicht unbeschadet:
☞ *Die Wintertraube darf nicht so stark gestört werden!*

*Mit den ersten eigenen Bienen steigen Freude und Anspannung!*

## WAS IST VORAB ZU KLÄREN?

Diese Liste verweist Sie auf die entsprechenden Stellen, die Sie im Vorfeld am besten durchlesen:

— Welche Kästen, welches Wabenmaß? Auswahl der Bienenbeute (S. 41 ff.) und des Rähmchenmaßes (S. 47)
— Tipps zur Aufstellung der eigenen Bienen: Standortfaktoren, Art der Bienenaufstellung (S. 32 ff.)
— Hinweise zum Bienenkauf und zur amtlichen Gesundheitsbescheinigung (S. 141)
— Anzeige der Bienenhaltung bei der zuständigen Veterinärbehörde, hier erfahren Sie, ob kein Faulbrut-Sperrgebiet vorliegt (S. 141)
— Anmeldung im Imkerverein
— Kein geschütztes Gebiet: Belegstellen an Land und auf vielen Inseln sind geschützt vor fremden Bienen – hier sollen gezielt Königinnen mit ausgewählten Drohnen gepaart werden; Auskünfte erteilen die Imkervereine/ -verbände.
— Praktische Hinweise zum Transport der Bienen zum eigenen Bienenstand (S. 59, 139)

### SO KANN ES ABLAUFEN

Der Verkäufer der Bienen gibt Ihnen eine amtliche Gesundheitsbescheinigung mit, die Sie dem Veterinäramt der Stadt oder des Kreises am Aufstellungsort Ihrer Bienen bei der Anzeige (Anmeldung) Ihrer Bienenhaltung und (freiwillig) beim zuständigen Wanderwart/Gesundheitsobmann des lokalen Imkervereins (in Kopie) vorlegen.

## ☞ TIPPS ZUM BIENENKAUF

| | WABENMASS | TYPISCHER MONAT ZUR BILDUNG/ ZUM KAUF | PREISHÖHE |
|---|---|---|---|
| **Brutableger** zieht sich Königin selbst nach | beachten | April bis Juni | gering |
| **Ableger** mit Königin aus dem Vorjahr | beachten | Mai bis Juli | mittel |
| **Schwarm** | egal | April bis Juni, nicht planbar | kostenlos bis gering |
| **Kunstschwarm** | egal | Mai bis Juni/Juli | mittel |
| Komplettes **Wirtschaftsvolk** | beachten | März bis Oktober | hoch |

Die Mitgliedschaft im Imkerverein bietet Ihnen viele Vorteile, besonders Informationsaustausch, Schulungsmöglichkeiten und einen vielseitigen Versicherungsschutz (auch bei Schadensansprüchen von Nachbarn bei Bienenstichen).

## TRANSPORT UND EINGEWÖHNUNG

Nach Beendigung des Bienenfluges wird in diesem Beispiel ein Bienenvolk in den Garten einer Jungimkerin transportiert. Das Volk hat sie von einem Imker, der über 3 km entfernt wohnt, erhalten – ein Zurückfliegen der Bienen zum alten Standort ist daher ausgeschlossen.

### Arbeitsschritte

1. Am Standort des Verkäufers: Nach Beendigung des Bienenfluges wurde das Flugloch mit Schaumstoff verschlossen. Ein Spanngurt verhindert das Lösen von Zarge, Boden und Deckel.
2. Das Volk wird in das Transportfahrzeug gesetzt. Zweckmäßig ist im Wagen das Auslegen von Zeitungspapier oder Folie als „Klebeschutz".
3. Dauert der Transport weniger als eine halbe Stunde bei Außentemperaturen unterhalb von 25 °C, kann auf zusätzliche Lüftungsgitter verzichtet werden.
   Bei längeren Transportfahrten sind sie unverzichtbar, z. B. im Deckel.
4. Am Zielort sollte eine Stellfläche, mindestens 20 cm über dem Erdboden vorhanden sein.
5. Die Bienenbeute wird vorsichtig auf die Stellfläche gesetzt und das Flugloch geöffnet. Vorsicht: Die Bienen fliegen zum Licht – daher auch zur Taschenlampe.

Am nächsten Morgen fliegen sich die Bienen auf ihre neue Position ein und lernen dabei ihre nähere Umgebung kennen. Hierzu fliegen sie in konzentrischen Kreisen um ihren Bienenkasten und entfernen sich immer weiter davon.

*Das neue Volk wird vorsichtig auf das Untergestell gesetzt.*

☞ *Anstrebenswert sind mindestens 2 – 3 Völker in der Anfängerimkerei.*

## WABENLESEN

Bei Ihren ersten Kontrollen von Bienenvölkern – z. B. im Imkerkurs – lernen Sie, die Waben zu „lesen", also den Wabeninhalt zuzuordnen. Das ist anfangs meist etwas verwirrend, denn alles ist fremd und auf den meisten Waben sitzen oder laufen Bienen – die man bei Bedarf vorsichtig mit einer Gänsefeder (oder einem Bienenbesen) zur Seite schieben oder in den Bienenkasten abfegen kann. Auch der Rauch vom Smoker oder der Imkerpfeife überzeugt die Bienen, etwas Platz zu machen. Folgende Fragen helfen beim Wabenlesen weiter:

- Was ist in welcher Wabe?
- Enthält die Wabe Vorräte: vollständig oder teilweise Honig oder Pollen?
- Enthält die Wabe Brut? Ist die Brut unverdeckelt (offene Brutstadien, Eier, jüngere oder ältere Rundmaden) oder bereits verdeckelt?

# KLEINE WABENKUNDE *— die große Vielfalt*

Bei den ersten Kontrollen Ihrer Bienen hilft Ihnen bestimmt ein (Nachbar- oder Paten-)Imker weiter, auch zur Einschätzung der Situation im Bienenvolk. Er kann mit seinem Erfahrungsschatz Ihre Fragen beantworten – und die haben Sie garantiert. Die Fotos zeigen die Vielfalt, die auf Sie wartet.

*03*

*01 Noch nicht ausgebaute Mittelwand.*

*02 Leerwabe unbebrütet – die junge Wabe ist hellgelb, mit der Zeit wird sie kaum dunkler (evtl. mit Kittharz überzogen).*

*03 Vergrößerte Ansicht von offener Arbeiterinnenbrut: Stifte und Rundmaden*

*04 Verdeckelte Brutfläche – der innere Teil der Brut ist bereits geschlüpft, wieder leer. Die Königin kann hier erneut Eier legen.*

*05 Leerwabe mit ehemaliger Brutfläche – die dunklen Wabenbereiche haben ihre Farbe von den zurückgelassenen Kokonhüllen der Bienenbrut, die hier geschlüpft ist. Mit jeder schlüpfenden Biene werden die Zellen zunehmend dunkler.*

*06 Drohnenbrut – auffallend ist der größere Durchmesser der Drohnenbrut. Außerdem überragt die Höhe der verdeckelten Drohnenzellen die Arbeiterinnenbrutzellen.*

*07 Verdeckelte Arbeiterinnenbrut: die Brutzellen sind mit einem Wachsdeckel verschlossen. Wenn die Brut sich verpuppt, erscheinen die Wachsdeckel wegen der darunter liegenden Kokonhülle noch dunkler.*

*08 Pollenwabe mit frisch eingelagertem Pollen, typisch sind die leuchtenden Farben des Pollens. Wenn das Bienenvolk nicht brütet, wird der Pollen konserviert: Der Pollen wirkt stumpf im Vergleich zum frischen Pollen.*

*09 Honigwabe mit unverdeckeltem Honig, verdeckelter Honig S. 120.*

☞ *Weiselzellen finden Sie auf den Seiten 92 und 95.*

*01*

*02*

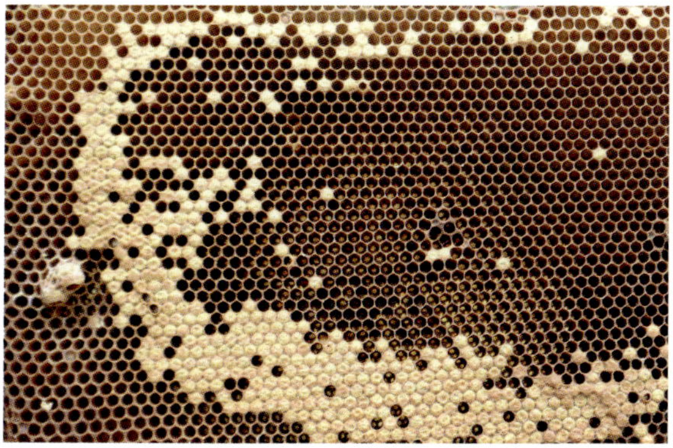

*04*

*05*

*06*

*07*

*08*

*09*

*Bei der Kontrolle sollten die Bedingungen für Mensch und Biene angenehm sein.*

# KONTROLLE EINES EINZARGIGEN BIENENVOLKES

### Optimale Witterung für Arbeiten an Bienenvölkern

- Im Normalfall mindestens 16 °C
- Trocken, nicht windig!
- Wenn die Sonne scheint, sind die Sammelbienen unterwegs und der Kasten ist etwas leerer – die Wabenkontrolle wird hierdurch einfacher.
- Im Zeitraum von ca. Anfang/Mitte Juli bis Ende August sollte man die Kontrolle an warmen Tagen möglichst frühmorgens oder abends kurz vor dem Sonnenuntergang und möglichst schnell durchführen: dies verhindert Räuberei! Hierbei „stehlen" Bienen in schwachen Völkern den Honig und suchen überall dort, wo es süß riecht. Das aggressive Verhalten der Bienen ist am Flugloch zu beobachten (siehe S. 110) – die Völker werden unruhiger.

## GRUNDAUSRÜSTUNG

**Schutzkleidung:** je nach Bedarf (Arbeitsjacke, Schleier oder Kopftuch, Arbeitshose, (Gummi-)Handschuhe. Die Checkliste zur Grundausrüstung finden Sie auf Seite 40. Denken Sie auch an Helfer.

**Arbeitsgeräte:** Stockmeißel, Bienenbesen oder Gänsefeder, Wabenhalter (Wabenbock, Ablegerkasten oder Leerzarge), Smoker oder Imkerpfeife, Imkertabak, Anzünder, Streichhölzer/Feuerzeug, evtl. Wassersprüher, Stockkarte und Stift (oder Laptop/Pad für die elektronische Führung der Stockkarten)

### Arbeitsschritte

1. Nehmen Sie den Deckel der Beute ab.
2. Geben Sie Rauch unter die Folie, die Sie an einer Ecke hochnehmen, und warten Sie kurz.
3. Ziehen Sie die Folie ab, fegen Sie mit dem Bienenbesen oder der Gänsefeder die auf der Folie aufsitzenden Bienen in die Beute zurück. Bei Wind oder kühler Witterung zieht man erst einen Teil der Folie ab.
4. Lösen Sie die erste (Rand-)Wabe mit dem Stockmeißel.
5. Fassen Sie mit den Fingern die Rähmchenohren an und ziehen Sie die Wabe vorsichtig senkrecht aus der Beute, ohne seitlich anzuecken oder Bienen zu quetschen.
6. Sehen Sie sich erst die eine, dann die andere Wabenseite an (6.1). Das Drehen der Wabe sollten Sie zuvor mit einer Leerwabe üben – aufsitzende Bienen sollen nicht herunterfallen (6.2).

7. Die ersten beiden Waben stellen Sie nach der Kontrolle in einen Wabenhalter, Wabenständer oder eine Leerbeute/Ablegerkasten.
8. Jetzt ist Arbeitsraum in der Beute entstanden – das weitere Arbeiten wird hierdurch erleichtert.
9. Ziehen Sie die nächsten Wabe(n), kontrollieren Sie diese und stellen die Waben zurück in die Beute, möglichst platzsparend Wabe an Wabe, die erste davon an die Beutenwand. Vertauschen Sie möglichst nicht die Wabenseiten – besonders, wenn Waben einen Überbau haben, also etwas breiter ausgebaut sind. Die Abstandshalter der Rähmchen bestimmen den richtigen Abstand der Waben. Der freie Arbeitsraum wandert bei dieser Vorgehensweise weiter. Lassen Sie keine Lücken.
10. Zum Schluss schiebt man alle Waben (einzeln oder als Block) zurück in die alte Position – die Abstände zwischen den Waben geben die Abstandshalter vor. Nicht weniger Raum (quetscht Bienen) und nicht mehr (Wildbau zwischen den Waben).
11. Die beiden zuerst herausgenommenen Waben stellen Sie jetzt wieder zurück.
12. Geben Sie Rauch auf die Rähmchenoberträger und legen Sie die Folie wieder auf.
13. Mit dem Beutendeckel verschließen Sie die Beute wieder.
14. Notieren Sie auf der Stockkarte den Zustand des Volkes – hilfreich können dabei die Fragen von S. 57 sein.

### Abwandlung

Man kann auch nur die erste Randwabe zur Seite stellen und diese dann zum Schluss in die Lücke auf der anderen Zargenseite stellen. Bei der nächsten Kontrolle sollte man mit dieser Wabe erneut beginnen. Probieren Sie selber, welche Vorgehensweise Sie bevorzugen.

*Kontrolle einzargiges Volk: Abnehmen des Beutendeckels (vgl. Text Schritt 1).*

*Rauch wird vom Smoker unter die Folie geblasen, die Folie danach wieder aufgelegt (Schritt 2).*

*Abziehen der Folie – die aufsitzenden Bienen in die Zarge fegen (Schritt 3).*

*Lösen und Ziehen (Herausheben) der Wabe (Schritt 4 und 5).*

*Die Waben werden wieder zurück auf ihre alte Position geschoben (Schritt 10).*

*Auflegen der Folie – letzter Kontrollblick durch die Folie (Schritt 12).*

*Kontrolle der zugewandten Wabenseite – was ist zu sehen? (Schritt 6.1)*

*Drehen der Wabe und Kontrolle der Wabenrückseite. (Schritt 6.2)*

*Der Beutendeckel wird vorsichtig aufgelegt – ohne „Gepolter“ (Schritt 13).*

*Direkt nach der Kontrolle werden die Eindrücke in der Stockkarte festgehalten (Schritt 14).*

*Bei mehrzargigen Völkern arbeitet man sich von oben nach unten durch das Volk – zargenweise.*

*Abheben der bereits kontrollierten Zarge – sie wird zur Seite gesetzt.*

## KONTROLLE EINES MEHRZARGIGEN BIENENVOLKES

### Zusätzlich benötigtes Material

Zum Abstellen der kontrollierten Zargen mindestens einen Beutenboden oder umgedrehten Beutendeckel. Für rückenschonendes Arbeiten, zum erhöhten Abstellen, empfiehlt sich ein Beistelltisch oder mindestens eine leere Zarge. Arbeiten Sie sich von oben nach unten durch das Volk – Zarge für Zarge.

### Arbeitsschritte

1. Kontrollieren Sie die oberste Zarge (z. B. den Honigraum) – Wabe für Wabe, wie bereits beschrieben.
2. Lösen Sie die Unterkante der oberen Zarge an den Ecken unter vorsichtigem Einsatz des Stockmeißels als Hebelwerkzeug.
3. Heben Sie die oberste Zarge ab.
4. Setzen Sie vorsichtig die abgehobene Zarge auf den Beutenboden oder den umgedrehten Beutendeckel ab (rückenfreundlich auf dem Beistelltisch oder die leere Zarge) – sanft, nicht fallen lassen! Legen Sie die Folie auf die abgehobene Zarge.
5. Meist liegt das Absperrgitter auf der nächsten Zarge (2. Brutraum).
   Geben Sie Rauch auf das Absperrgitter und nehmen Sie es mit Hilfe des Stockmeißels von der Zarge. Fegen oder klopfen Sie die Bienen vom Absperrgitter ab;

*Kontrolle der untersten Zarge – danach werden die abgehobenen Zargen wieder zurückgesetzt.*

die Bienen sollen in die nächste Zarge fallen (nicht daneben!).

6. Kontrolliere Sie den 2. Brutraum – Wabe für Wabe.
7. Mit dem Stockmeißel lösen Sie den 2. Brutraum an der Unterkante an den Ecken zum unteren Brutraum.
8. Heben Sie den 2. Brutraum ab.
9. Decken Sie den Brutraum mit Folie oder dem Absperrgitter ab, damit die Königin nicht vom Brutraum in den Honigraum klettern kann! Setzen Sie vorsichtig den 2. Brutraum auf den Honigraum. Alternativ setzen Sie den 2. Brutraum getrennt zur Seite auf einen weiteren Beutenboden oder umgedrehten Beutendeckel.
10. Kontrollieren Sie die unterste Zarge, den 1. Brutraum – Wabe für Wabe.
11. Geben Sie anschließend Rauch auf die Oberträger des 1. Brutraums und entfernen Sie mit dem Stockmeißel die Wachsstege von den Oberträgern der Rähmchen.
12. Geben Sie erneut Rauch auf die Oberträger und vertreiben Sie bei Bedarf die Bienen von der Beutenwand (so vermeidet man das Quetschen von Bienen). Setzen Sie den 2. Brutraum vorsichtig auf den 1. Brutraum, sanft – nicht fallen lassen!
13. Geben Sie Rauch auf die Oberträger des 2. Brutraums, entfernen Sie auch hier die Wachsstege.
14. Geben Sie erneut Rauch und legen Sie das Absperrgitter auf die Oberträger des 2. Brutraums.
15. Setzen Sie den 1. Honigraum über das Absperrgitter.
16. Verschließen Sie das Volk mit Folie und Deckel.
17. Notieren Sie Ihre Eindrücke auf der Stockkarte.

☞ *Vordrucke für Stockkarten finden Sie im Imkerkalender, im Imkerbedarfshandel oder auch als Downloads im Internet. Mit Abkürzungen sparen Sie Zeit und der Text bleibt übersichtlich. Sie bestimmen selbst, in welcher Form Sie die Kontrolle dokumentieren. Man kann auch Hinweise für die nächste Kontrolle oder über benötigtes Material notieren.*

**KÖNIGIN GESEHEN?**

Entweder die Wabe samt Königin vorsichtig nach der Kontrolle zurück in die Zarge setzen oder die Königin mit dem Clip abfangen, zur Sicherheit zur Seite legen und erst beim Zurücksetzen der Zargen wieder in den Brutraum zurücklaufen lassen (siehe auch S. 92).

# ARBEITEN AM BIENENVOLK IM JAHRESVERLAUF

Einen guten Einblick über die Arbeiten, die auf jeden Imker zukommen, erhält man mit den Grafiken und den dazugehörigen Erläuterungen in diesem Kapitel. Einige Arbeiten sind in anderen Kapiteln detaillierter beschrieben (siehe Seitenhinweise).

## WINTERRUHE

*November bis ca. Januar/Februar*

Zum Jahresbeginn befinden sich die Bienenvölker weiterhin in der Winterruhe und bilden die Wintertraube: Zunehmende Tageslichtlänge und steigende Temperaturen führen zum Brutbeginn. Die Bienen bilden über Tag und Nacht die Wintertraube und können sich und die besetzten Waben optimal wärmen. Die Bienenbrut wird selbst im kalten Winter bei konstanten 35 °C gewärmt! Auch das Winterfutter in den Waben, das wegen der Kühle zäh ist, muss erst angewärmt werden, damit die Bienen es aufnehmen können. Die schlüpfenden Bienen sind neue Arbeitskräfte – eine willkommene Unterstützung der alten Winterbienen. Nur ein Teil der wegsterbenden Winterbienen wird von den jungen

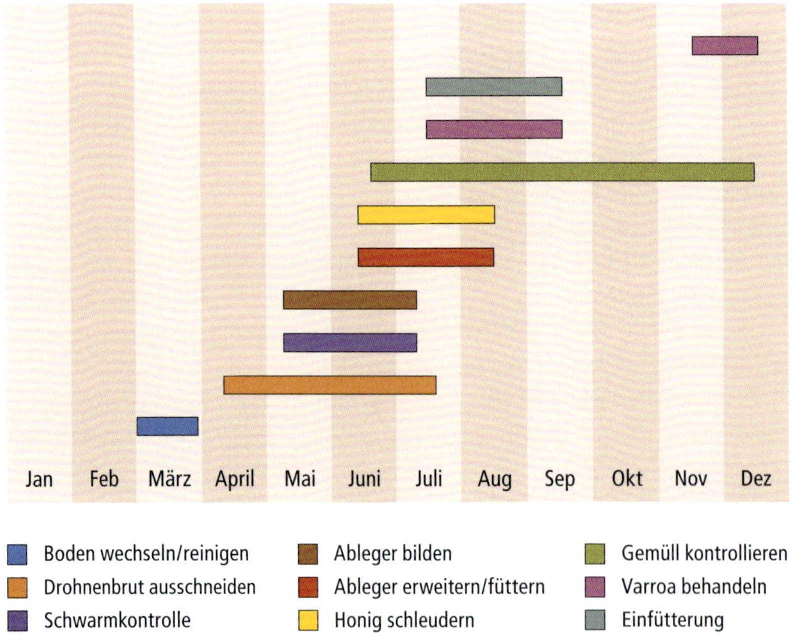

*Die Wintertraube ist fast kugelig – sie „wandert“ langsam im Winter in der Beute.*

*Beim Hineinschauen in die Wintertraube sieht man genau den Bienensitz.*

Bienen ersetzt – noch schrumpft daher die Volksgröße. Temperaturen oberhalb von 12 °C erlauben den Bienen Reinigungsflüge zum Leeren ihrer Kotblase außerhalb der Beute und teilweise auch Sammelflüge an ersten Blüten.

## IMKERARBEITEN IM JANUAR / FEBRUAR

Beim gelegentlichen Besuch des Bienenstandes schaut man nach möglichen Störungen, die man abstellen sollte: z. B. auf Beuten schlagende Äste, Spechtlöcher oder umgefallene Beuten. Es stehen keine Kontrollen der Völker an. Nur bei Bedenken, ob das Futter ausreicht, kann man die Völker wiegen oder zum Abschätzen des Gewichtes ankippen. Vorbereitungen für die Saison finden „im Bastelkeller“ statt, wie z. B. Rähmchen drahten oder Beutenreparatur. Je mehr Vorbereitungen, desto entspannter ist die Saison.

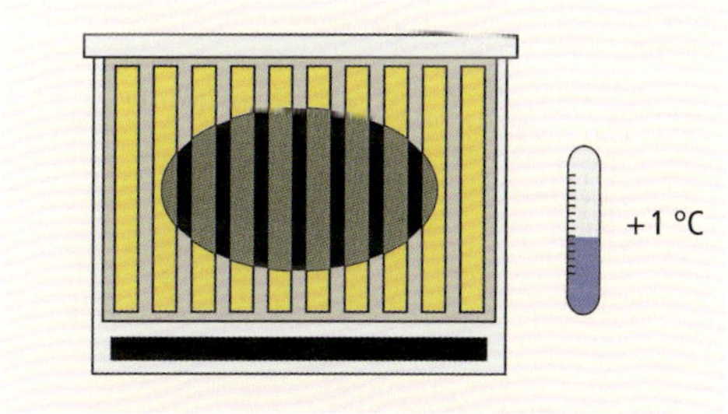


*Die Größe der Wintertraube bei +1 °C Außentemperatur.*

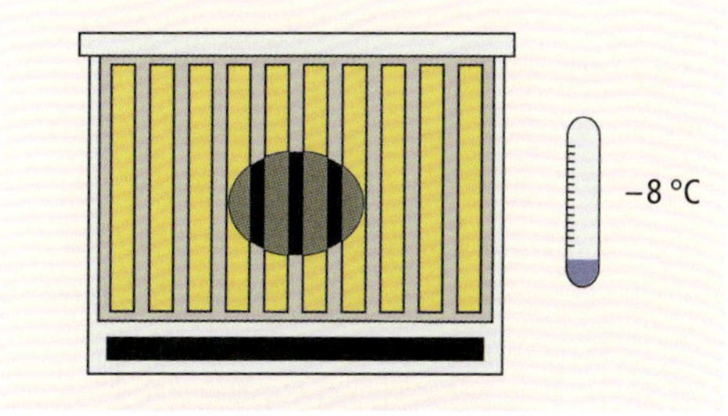


*Bei –8 °C ist die Wintertraube sehr stark zusammengezogen und spart Wärme.*

*Bei der 1. Frühjahrskontrolle wird schnell gearbeitet, Leerwaben werden entnommen (Hintergrund).*

# ERSTE FRÜHJAHRS-KONTROLLE

*Ca. Ende Februar/Anfang März*

Die Völker bilden weiterhin die Wintertraube, die sich bei steigender Temperatur ausdehnt und bei sinkenden Temperaturen wieder dichter zusammenzieht. Je nach Außentemperaturen finden Reinigungs- und Sammelflüge statt. Die Völker brüten auf kleinen Wabenflächen mittig in der Bienentraube.

## IMKERARBEITEN: 1. KONTROLLE

Sobald Außentemperaturen (> 12 °C) und Witterung (trocken und windstill) es zulassen, wird eine kurze Kontrolle der Völker durchgeführt. Man blättert schnell durch die äußeren Futterwaben in den Bienensitz hinein. Hierbei zieht man neben den Futterwaben auch wenige, mit Bienen besetzte Waben zur Klärung der folgenden Fragen:

### Ist das Volk weiselrichtig?

Ja, eindeutig, wenn Arbeiterinnenbrut sichtbar ist. Keine Brut ist kein Grund zur Sorge, dann wird gerade (noch) nicht gebrütet: Sie wiederholen in diesem Fall in wenigen Wochen die Kontrolle. Wenn das Volk ruhig ist, dann ist es mit hoher Wahrscheinlichkeit weiselrichtig! Ein weiselloses Volk ist unruhig, mit herumlaufenden oder schneller auffliegenden Bienen, und macht „heulende“ Töne. Hinweise wie Drohnenbrut oder Weiselnäpfchen sind jetzt eher selten, treten sie jedoch bereits auf, dann bestätigen sie die Weisellosigkeit.

**Mögliche Maßnahmen:** das Volk mit einem Ableger oder Nachbarvolk vereinigen (S. 82).

### Reicht die Futtermenge?

Mindestens 4 – 6 volle Futterwaben sollten vorhanden sein. Der Futterverbrauch steigt, wenn die Brutflächen bei weiterhin niedrigen

*Volle Futterwaben direkt am Bienensitz.*

Außentemperaturen wachsen. Bei knappen Futtervorräten kann man aus Völkern mit größeren Vorräten einige Futterwaben entnehmen und dem bedürftigen Volk nah an den Bienensitz setzen. Notfütterung siehe S. 107.

**Ist die Volkgröße in Ordnung?**
Völker, die weniger als 2 – 3 Wabengassen besetzen, sind kritisch klein. Mögliche Maßnahmen sind Abwarten und auf Überleben hoffen oder: 1. Vereinigen des Volkes mit einem anderen (Nachbar-)Volk (siehe S. 82), 2. Huckepack auf ein starkes Volk über ein Absperrgitter setzen (siehe S. 82) oder 3. Tausch der Position des Volkes mit einem stärkeren Volk („Tausch" der Flugbienen, siehe S. 82).

## ARBEITEN AM VOLK

**Altwaben herausnehmen:** leere, besonders außen stehende, häufig auch angeschimmelte Waben kann man ohne Bedenken aus der Beute nehmen. Randwaben kann man im Moment problemlos weglassen, denn die Bienen bauen noch nicht! Teilweise besetzen Völker nur eine von zwei Zargen – die leere, meist untere Zarge, kann man komplett wegnehmen und später zur (Sal-)Weidenblüte durch Aufsetzen einer Zarge mit hellen, unbebrüteten Waben (z. B. ausgeschleuderte Honigwaben) ersetzen (siehe S. 81).

**Mäusegitter entfernen:** Denn Pollensammlerinnen streifen leicht ihre Pollenhöschen am Gitter ab, der Pollen fällt herunter und ist für die Bienen verloren.

**Boden reinigen/austauschen:** Wenn im Beutenboden viele tote Bienen oder Wachsteilchen liegen, kann man diesen säubern (ausfegen). Verdreckte, z. B. bekotete Böden tauscht man durch saubere aus. Reinigung, siehe S. 150 f.

**Drohnenrahmen geben:** Starke Völker erhalten schon jetzt den Baurahmen, aber mit ausreichend Abstand zum Brutnest, z. B. nach der ersten Futterwabe, die auf die erste Brutwabe folgt. Varroabekämpfung, siehe S. 152 ff.

**1. KONTROLLE KURZ HALTEN!**

Vermeiden Sie großen Temperaturverlust im Volk! – hier ist unbedingt die Hilfe eines erfahrenen Imkers sinnvoll. Früher hat man diese Kontrolle später, z. T. erst im April, durchgeführt. Bei Problemen kann man jedoch mit einfachen Eingriffen frühzeitig helfen und die Volkentwicklung optimieren; ein verhungertes Volk lässt sich nicht mehr wiederbeleben! Deshalb halte ich wenig von starren Regeln, wie die 1. Kontrolle erst zur Stachel- oder Johannisbeerblüte durchzuführen.

## ENTWICKLUNG DER VÖLKER

*Von März bis Ende Juni*

Mit steigender Schlupfzahl junger Bienen und dem Wegsterben von Winterbienen nähert sich das Bienenvolk dem vollständigen Generationswechsel. Diese Phase, auch Durchlenzung genannt, kann bis in den Mai hinein dauern. Die Mengen an Bienenbrut und Bienen wachsen bis Ende Juni/Anfang Juli (aufsteigende Volkentwicklung).
Mit der Produktion von Geschlechtstieren (Drohnen und Königinnen) schafft das Bienenvolk in dieser Zeit die Grundlage zum natürlichen Teilen (Schwärmen, siehe S. 84 ff.). Dann sind genügend Vorräte (Pollen und Honig) vorhanden, damit der fortfliegende Schwarm und das zurückbleibende Restvolk genug Nahrung haben. Meist unterbindet der Imker jedoch das Schwärmen, weil Schwärme unerwünscht sind und die Honigerträge schmälern.

### IMKERARBEITEN

Die aufsteigende Volkentwicklung verlangt vom Imker ab Ende April/Anfang Mai im Abstand von 7 Tagen regelmäßige (Schwarm-)Kontrollen, denn so kann man die Entwicklung des Volkes steuern und das Schwärmen verhindern. Möglich ist ein Kontrollrhythmus von bis zu 9 Tagen, um rechtzeitig das Schwärmen bzw. Schlüpfen von neuen Königinnen stoppen zu können.

*Das Bienenvolk quillt fast über: erweitern!*

**Erweiterung einzargiger Völker** zur (Sal-)Weidenblüte, meist Ende März/Anfang April: Dem Volk wird eine Zarge mit ausgeschleuderten, hellen Waben und Mittelwänden aufgesetzt. Hat man nur Mittelwände, ist dies auch in Ordnung. Die Bienen werden sich von allein nach oben entwickeln. Man sollte keinesfalls Brutwaben nach oben setzen: Diese könnten verkühlen, also absterben! Falls man äußere Futterwaben von unten nach oben hängt, werden diese seitlich oben in die neue Zarge gestellt. Die Bienen werden das Brutnest von unten (1. Brutraum) nach oben und in der Zargenmitte ausweiten.

**Erweiterung zweizargiger Völker** siehe S. 74, Aufsetzen des Honigraums

**Drohnenbrut-Schneiden:** Je Brutzarge gibt man einen Baurahmen und kann dort bei Bedarf oder Gelegenheit verdeckelte Drohnenbrut ausschneiden und so der Varroamilbe entgegenwirken. Man kann sich auch dafür entscheiden, einen Teil (z. B. die Hälfte, am besten mit einem geteilten Rähmchen) der Drohnenbrut schlüpfen zu lassen. So stehen Drohnen für die Begattung von Königinnen zur Verfügung. Größeren Völkern kann man bereits im April die Baurahmen neben die äußerste Brutwabe stellen. Kleine Völker würden dagegen unnötig bei der Regulierung der Brutwärme gestresst werden – sie produzieren erst später Drohnen.

**Überzählige Futtervorräte entnehmen:** Der Futterverbrauch der Völker ist jedes Jahr und im Völkervergleich unterschiedlich –

*01 Überzählige Futterwaben aus der Zarge entnehmen.*

*02 Wachstege immer entfernen – kein Zerdrücken von Bienen.*

*03 Auf die untere Zarge Rauch geben.*

*04 Aufsetzen der neuen Zarge – mit vielen Leerwaben/Mittelwänden.*

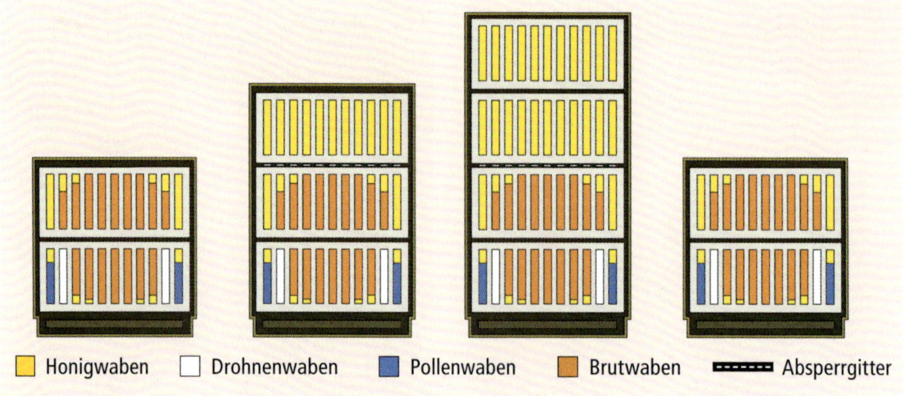


*Von Frühjahr bis Herbst: Wachsen und Schrumpfen des Volkes.*

auch ist er von den Außentemperaturen und der Brutaktivität abhängig: Brutpflege und „Heizen" kosten viel Energie, also Futter! Beim Herausnehmen von Futterwaben sollte man daran denken, dass immer ausreichend Futter für Schlechtwetterperioden vorhanden sein muss. Im April dürfen je Zarge noch bis zu 4 Futterwaben vorhanden sein – je nachdem, wie groß die Futterkränze um die Brut sind. Im Mai sind je Zarge 2 Futterwaben sinnvoll – siehe „Erweiterung", S. 72. Hat ein Volk im Frühjahr dagegen zu viele volle Futterwaben, kann die Ausbreitung des Brutnestes sogar eingeengt sein. Die überzähligen Futterwaben entnimmt man (für Ablegerbildung weiterverwenden).

**ALTER HUT?!**

Einige Imker führen im Frühjahr eine Reizfütterung der Bienen mit Flüssigfutter oder durch Anritzen/Andrücken von Futterzellen mit dem Stockmeißel durch. Hierdurch sollen die Bienen zu erhöhter (Brut-)Aktivität verleitet werden. Gewichtiges Gegenargument: Die Bienen wissen am besten, wann und wie sie brüten. Das Reizfüttern kann ggf. zu einer zu großen Brutaktivität führen – bei (nicht seltenen) Kälteeinbrüchen ein großes Risiko für das Volk!

**Korrektur des Bienensitzes:** Nicht jedes Bienenvolk sitzt optimal in den Zargen, wie in diesem Abschnitt schon deutlich wurde. Weitere Korrekturen finden Sie auf S. 80 f.

**Beutenboden verschließen:** Einige Imker schieben (mindestens) den Ablegern, aber auch den Wirtschaftsvölkern die Gemüllwindel ein. Achtung – die Gefahr der Schimmelbildung kann hierdurch steigen. An warmen Tagen ab Mai entnehmen viele Imker die Varroawindel zur besseren Durchlüftung; außerdem sind dort Ameisen und andere Tiere, wie z. B. Wachsmotten, die sich vom Gemüll ernähren.

## HONIGRAUM AUFSETZEN

*Kirschblüte, ca. Anfang Mai*

### IMKERARBEITEN

— Spätestens jetzt entnimmt man überzählige Futterwaben (je nach Wabenmaß und Trachtsituation sollten nicht mehr als 2 verdeckelte Futterwaben pro Brutraumzarge als Außenwaben verbleiben) aus den Bruträumen, fegt sie ab und lagert sie bienendicht in Zargen, möglichst kühl (Weiterverwendung bei der Ablegerbildung, siehe S. 99 ff.).

- Das Absperrgitter legt man auf den oberen Brutraum auf die Rähmchenoberträger (Wachsstege vorher entfernen) und setzt darüber den Honigraum. Die Königin kann wegen ihrer Körperbreite das Gitter nicht durchqueren und daher im Honigraum keine Eier legen – so werden Brut- und Honigräume getrennt!
- Im sehr kühlen Frühjahr kann es sein, dass die Bienen nur unliebsam das Absperrgitter durchqueren wollen. Das erkennt man daran, dass der frische Honig ausschließlich in den Bruträumen abgelegt wird. In diesem Fall entfernt man das Absperrgitter für ca. 1 – 2 Wochen, wartet ab, dass die Bienen Honig im Honigraum eintragen, und legt erst dann wieder das Absperrgitter ein. Man muss dann unbedingt darauf achten, dass die Königin nicht im Honigraum ist. Falls Sie sich die Suche nach der Königin nicht zutrauen, können Sie die Bienen von den Honigwaben in den oberen Brutraum abfegen. Anschließend setzen Sie das Absperrgitter und den Honigraum auf.

*Mit dem Aufsetzen des Honigraums wachsen die Erwartungen des Imkers.*

*Die Wachsstege des oberen Brutraums müssen gründlich entfernt werden.*

## DIE JUNGVOLK-BILDUNG

*Ab ca. Mitte Mai*

### BRUTABLEGER ODER KUNST-SCHWARM BILDEN

Diese Maßnahme reduziert die Schwarmneigung – die meisten Imker möchten lieber keine Schwärme haben bzw. einfangen müssen. Zur Schwarmvermeidung entzieht man dem Wirtschaftsvolk Bienenbrut und aufsitzende Bienen (Brutableger, siehe S. 99 f.) oder viele Bienen (Kunstschwarm, siehe S. 103). Hiermit bremst man den Schwarmtrieb, und gleichzeitig auch die Entwicklung der Varroapopulation.

*Das Absperrgitter begrenzt die Königin auf die Bruträume – der Honigraum wird darübergestellt.*

*Dieser Schwarm hat sich ein Sportgerät ausgesucht – hier stören keine Äste beim Einschlagen des Schwarms. Da es sich um ein Schulgelände handelt, sollte er schnell eingefangen werden.*

## SCHWARM EINFANGEN UND SCHWARMPFLEGE

*Ab Ende April/Anfang Mai*

Ob gewollt oder ungewollt, irgendwann hängt ein Schwarm im Baum oder Strauch – oder man wird anderswo gebeten, „herrenlose" Schwärme einzufangen. Neben „aufregender" Arbeit ist dies immer wieder ein faszinierendes Erlebnis. Details siehe S. 89 f.

## ERSTE HONIGERNTE

*Frühjahrstracht; meist Ende Mai/ Anfang Juni*

Der erste Honigraum ist unter guten Bedingungen schnell gefüllt, doch der Honig muss von den Bienen noch eingedickt werden. Voll verdeckelte Waben sind schleuderreif, Arbeitsschritte zur Honigernte, siehe S. 119 f. Nach der Ernte setzt man abends die Zarge mit den ausgeschleuderten Honigwaben wieder über das Absperrgitter zurück. Die Bienen reparieren die Waben und füllen sie unter guten Bedingungen bald wieder mit Honig.

## ABSTEIGENDE ENTWICKLUNG DER VÖLKER

*Ab ca. Anfang/Mitte Juli*

— Ab jetzt sind nur stichprobenartige oder anlassbezogene Kontrollen nötig, da Schwärme nicht mehr zu erwarten sind. Ungefähr ab Ende Juni ist Schluss mit den regelmäßigen Schwarmkontrollen. Es werden bald keine Geschlechtstiere mehr

*Honig – das „flüssige Gold" fließt aus der Honigschleuder durch die Siebe.*

*Entdecklung der Wabe – von unten nach oben, am Wabenrand auch mal seitlich eingesetzt.*

gebraucht, bei Trachtende findet der Drohnenabtrieb statt, die „Drohnenschlacht": Drohnen werden nicht mehr benötigt, sie werden aus dem Stock geworfen, auch abgestochen.

— Das Ende der Massentracht erhöht die Gefahr der Räuberei – bei Trachtmangel im Juni, aber ganz sicher im Juli und August sollte man deshalb nur kurz Bienenvölker öffnen und beim Arbeiten unbedingt Räuberei vermeiden.

— Die Bienenvölker produzieren zunehmend langlebige Bienen bis in den Oktober hinein – abhängig von den Außentemperaturen. Arbeiterinnen, die keine Ammentätigkeit ausführen, werden langlebig! Durch das Fressen von viel Pollen legen sie im Fettkörper ihren „Winterspeck" an. Die Völker sammeln vermehrt Kittharz und überziehen damit stellenweise Waben und Beutenteile, z. B. Rähmchen. Man merkt dies an „klebrigen" Fingern oder Handschuhen.

## ZWEITE HONIGERNTE

*Sommertracht; meist Mitte/Ende Juli*

Die Abschleuderung des Sommertrachthonigs ist für die meisten Imker die letzte Schleuderung im Jahr. Zur Vermeidung von Räuberei sollte man unbedingt frühmorgens oder erst abends die Völker abernten. Die Rückgabe der ausgeschleuderten Waben aus gleichem Grund nur abends. Manche Imker verzichten hierauf und geben später (September oder im nächsten Jahr) den Bienen z. B. bei der Erweiterung ausgeschleuderte, honigfeuchte Waben.
Das Ernten von Spättracht im September wie Heide- oder Tannenhonig ist etwas für Fortgeschrittene, denn die folgenden Arbeiten verschieben sich dadurch erheblich: Spättracht-Imker benötigen eine gute Strategie und viel Erfahrung, um die Varroamilbe in den Griff zu bekommen.

## SPÄTSOMMER-PFLEGE

*Beginn direkt nach der letzten Ernte*

**Kleinersetzen der Völker:** Die Völker brauchen jetzt maximal 2 Zargen Raum – durch den Brutrückgang kann man manche Völker sogar auf eine Zarge mit Brutwaben zusammenstauchen. Dann setzt man eine Zarge ausgeschleuderter, heller Leerwaben oben auf.
In der oberen Zarge wird überwiegend das jetzt zu fütternde Winterfutter eingelagert. Falls nach dem Kleinersetzen aus dem Flugloch bzw. unter dem Flugbrett Bienenbärte hängen, ist das unbedenklich: die untätigen alten Sommerbienen sterben in Kürze auf jeden Fall weg.

**Gemülldiagnose und Varroabehandlung:** Über die Gemülldiagnose (siehe S. 153) wird die Varroasituation überprüft und abwechselnd die Varroamilbe behandelt (siehe S. 152 ff.) und die Winterauffütterung vorgenommen. Bei kritischer Milbensituation zuerst die Varroabehandlung!

**Winterauffütterung:** Man füttert mit mehreren Gaben Flüssigfutter oder Futterteig das Volk für die Zeit der Winterruhe (siehe S. 107 ff.). Bei kühlen Temperaturen, wie sie im Winter herrschen, nehmen Bienen kein Futter auf und können es dann auch nicht verarbeiten (eindicken).

## LETZTE KONTROLLE – WINTERSITZ

*Ca. Oktober*

Ähnlich wie bei der 1. Frühjahrskontrolle arbeitet man bei der letzten Kontrolle des Jahres wegen der niedrigen Temperaturen zügig und blättert von außen in den Bienensitz zur Klärung folgender Gesichtspunkte:

**Störende Waben** wie Leerwaben, Pollenwaben oder Mittelwände sollten Sie unbedingt entfernen, denn sie können im kalten Winter eine unüberwindbare Barriere für die Wintertraube sein: Das Volk kann verhungern, während benötigtes Futter hinter der Barriere steht!

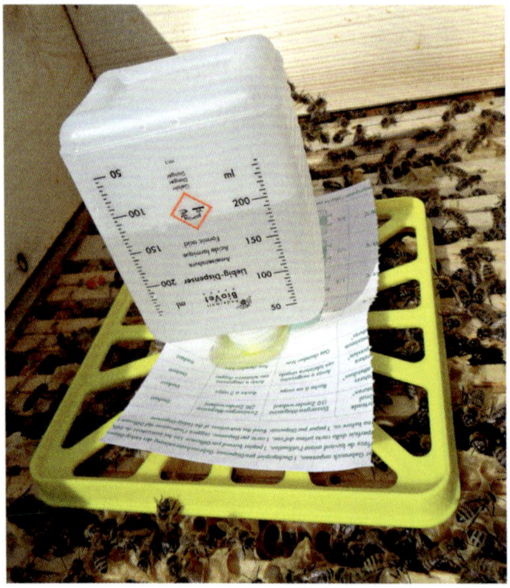

*Während der Varroabekämpfung mit Ameisensäure wird nicht gefüttert.*

*Flüssigfütterung, hier mit einem Futtertrog mit Klarsicht-Scharnier-Deckeln.*

*Wiegen des eingefütterten Volkes mit einer Kofferwaage.*

*Winterbehandlung: Träufeln von Oxalsäurelösung (Handschuhe tragen!).*

**Weiselrichtigkeit:** Alles ist in Ordnung, wenn man ein ruhiges Volk und evtl. auch Stifte findet. Bei Weisellosigkeit wird das Volk mit einem Ableger-/oder Nachbarvolk vereinigt (mehr hierzu auf S. 82).

**Futtermenge:** überprüfen und evtl. Nachfüttern (mit Sirup, siehe S. 107) oder überzählige Futterwaben aus anderen Völkern zuhängen.

**Volkgröße:** Völker mit nur 3 – 4 besetzten Wabengassen möglichst mit anderen Völkern vereinigen – ansonsten ist ein Winterverlust eher wahrscheinlich: Je größer die Völker, desto höher die Überlebenswahrscheinlichkeit. Nur mit Glück schaffen es kleine Völker – dies ist auch von der Witterungsentwicklung abhängig.

**Beutenboden öffnen:** Das Herausziehen der Gemüllwindel sorgt durch die Belüftung von unten (durch das Varroagitter) für einen kühlen Bienensitz und reduziert die Schimmelbildung in der Beute.

**Mäusegitter** vor den Fluglöchern befestigen, damit keine unerwünschten Mitbewohner die Winterruhe stören können. Überprüfen: Ist die Maus schon da?

## VARROA-WINTER-BEHANDLUNG

*Ca. November/Dezember*

**Gemülldiagnose:** Ich empfehle prinzipiell die Durchführung einer Varroa-Winterbehandlung, damit die Völker mit möglichst wenig Milben ins nächste Jahr starten.

**Varroabehandlung:** Zurzeit ist das einmalige Träufeln mit Oxalsäure-Lösung die beste Form der Entmilbung im Winter (siehe S. 160 f.).

### WINTERRUHE

Ab ca. Oktober bildet das Volk mindestens nachts, bei niedrigen Tagestemperaturen auch tagsüber die Wintertraube. Die Brutaktivität nimmt zum Jahresende hin ab. Die Bienen sind ausschließlich auf das eingelagerte Futter angewiesen. Bei Temperaturen oberhalb von 12 °C fliegen vereinzelt noch Bienen zum Abkoten oder auch zum Sammeln aus.

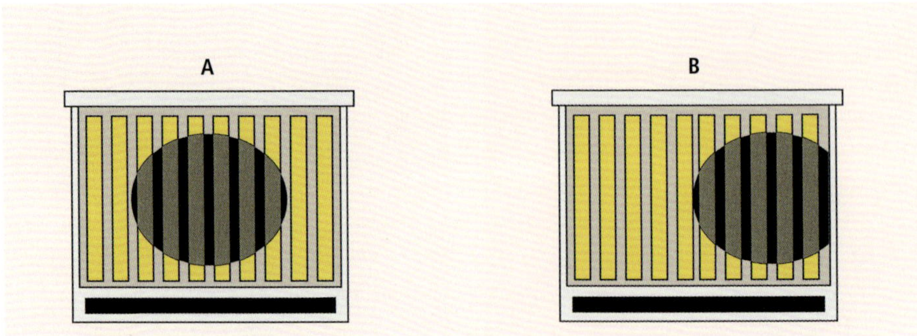


*Optimaler Bienensitz mittig (A); Korrekturen bei (B) sinnvoll.*

# MASSNAHMEN BEI ABWEICHUNGEN

Die auf den vorherigen Seiten beschriebene Entwicklung des Bienenvolkes läuft so unter optimalen Bedingungen ab. Aus unterschiedlichsten Gründen kann es zu Abweichungen kommen – hier finden Sie Lösungsvorschläge bzw. Möglichkeiten zum Gegensteuern.

## SCHWIERIGKEITEN MIT DER AUS- ODER EINWINTERUNG

Besonders im zeitigen Frühjahr, aber auch im Sommer ist es hinderlich, wenn ein Volk „eingeengt", unsymmetrisch in der Beute sitzt. Durch Wabenumhängen lässt sich die Lage verbessern.
Zum Ende der Bienensaison können Blockaden durch Pollen- oder Leerwaben und Mittelwände die Wanderung der Wintertraube von geleerten zu vollen Futterwaben behindern.

## OPTIMALER AUFBAU VON BIENENVÖLKERN

Es gibt mehrere Gesichtspunkte, wie ein Bienenvolk aufgebaut sein soll:

— Das Brutnest soll möglichst eine Einheit (in ein oder zwei Zargen) bilden.
— Honig- und Pollenwaben liegen am Rand, links und rechts vom Brutnest. Auf Drohnenbaurahmen kann von ca. Mitte Juli bis Ende März verzichtet werden, da in dieser Zeit keine Drohnen aufgezogen werden. Die Drohnenwaben stehen bei Bedarf am besten am Rand des Brutnestes – sollen die Drohnenwaben schneller ausgebaut werden, setzt man sie mitten in das Brutnest (ab ca. Mai).
— Dem Bienenvolk stehen so viele Zargen mit Waben zur Verfügung, wie es besetzen kann.

☞ *Die Entwicklung von Bienenvölkern hängt von äußeren Faktoren ab (Temperatur, Trachtangebot, Leistungsfähigkeit der Königin etc.) und ist daher in jedem Jahr mehr oder weniger unterschiedlich. Auch die Maßnahmen des Imkers können die Entwicklung positiv oder negativ (z. B. bremsend) beeinflussen.*

## AUSWINTERUNG UND ENTWICKLUNG EINES EINZARGIGEN BIENENVOLKS

Ein einzargiges Volk sollten Sie im Frühjahr rechtzeitig erweitern, damit das Brutnest nicht von Honig oder Pollen eingeengt wird. Außerdem wollen die Bienen neue Waben bauen. Nutzen Sie den Bautrieb, um möglichst viele Mittelwände ausbauen zu lassen (dämpft den Schwarmtrieb). Alte Waben können Träger von Krankheitserregern sein – außerdem fressen sich Wachsmotten gern durch sie hindurch (Kokonhüllen, Pollen).

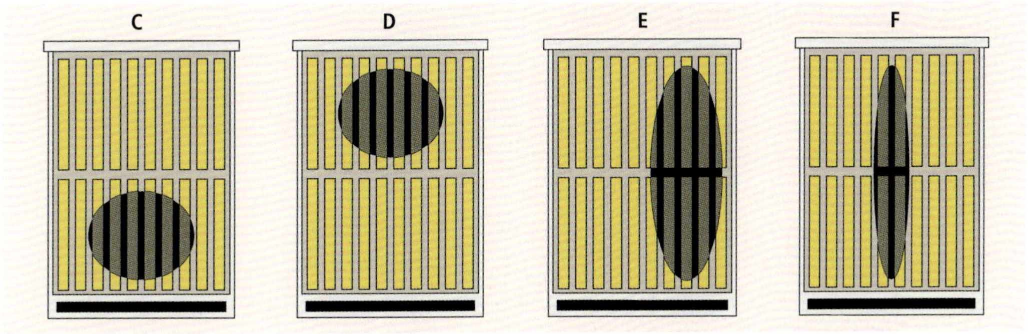


*Ungünstige Situationen: Unbesetzter Beutenraum (C, D, F), einengender Bienensitz (E).*

### Optimaler Zustand (A)

Das Brutnest sitzt mittig in der Zarge und kann sich zu jeder Seite ausbreiten. Wenn alle Wabengassen gut besetzt sind, können Sie das Volk mit dem 2. Brutraum erweitern.

### Problematischer Zustand (B)

Das Brutnest liegt stark an eine Zargenwand gedrängt und kann sich deshalb nicht in alle Richtungen ausdehnen.
Sie müssen abwägen, ob das Volk wie auf den Abbildungen in seiner Entwicklung stark gestört ist. Sie können sich für eine Methode entscheiden:

1. Überzählige Futterwaben, die das Brutnest behindern, werden entfernt und durch Leerwaben bzw. Mittelwände ersetzt.
2. Durch Umstellung von Waben kann das Brutnest in die Mitte gerückt werden.
3. Ein sehr schwaches Volk wird aufgelöst bzw. mit einem anderen Volk vereinigt. Details siehe S. 82 f.

## AUSWINTERUNG UND ENTWICKLUNG EINES ZWEIZARGIGEN BIENENVOLKS

### Optimaler Zustand

Ein durchschnittlich starkes Bienenvolk besetzt die zwei Zargen symmetrisch und hat die Möglichkeit, sich in alle Richtungen auszudehnen. Wenn beide Zargen gut besetzt sind, können Sie das Volk erweitern, d. h., den Honigraum aufsetzen.

### Problematischer Zustand (C–F)

**C** Nur die untere Zarge wird besetzt.
**Maßnahme:** Falls das Volk noch schwach ist, entfernen Sie die obere Zarge. Wenn das Volk stark genug ist, können Sie alles so belassen.

**D** Nur die obere Zarge wird besetzt.
**Maßnahme:** Sie können das Volk so belassen. Dunkle Waben durch Mittelwände ersetzen. Ein Baurahmen in der unteren Zarge „lockt“ die Königin herunter.
**Alternative:** Bei einem starken Volk tauschen Sie lediglich die Zargen aus. Ist das Volk schwach, dann entfernen Sie die untere Zarge.

**E** Die Bienen sitzen auf zwei Zargen, jedoch nicht mittig in der Zarge und das Brutnest kann sich nicht in alle Richtungen ausdehnen.
**Maßnahme:** Tauschen Sie einige Waben aus, damit das Volk in der Zargenmitte liegt, ersetzen Sie ggf. überzählige Futterwaben durch Leerwaben. Ist das Volk schwach, dann verfahren Sie wie bei Fall F.

**F** Das Volk sitzt sehr schwach auf zwei Zargen.
**Maßnahme:** Sie setzen das Volk in eine Zarge oder Sie lösen das Volk ganz auf.

# MASSNAHMEN BEI SCHWACHEN VÖLKERN

Ist ein Bienenvolk erheblich schwächer als Ihre übrigen Völker, dann sollten Sie sich überlegen, ob Sie und wie Sie dem Volk helfen können oder es gar auflösen. Probieren Sie je nach den Gegebenheiten vor Ort die verschiedenen Methoden über die Jahre aus – dann lernen Sie deren Vor- und Nachteile kennen. Bei der Bewirtschaftung von vielen Völkern ist das „Aufpäppeln" viel zu zeitaufwändig.

## MASSNAHME 1: VEREINIGUNG

Der Schwächling wird mit einem anderen Volk nach Entfernen der schlechteren Königin (meist im „Schwächling") zusammengesetzt.

**Benötigte Materialien:** Grundausrüstung, Zeitungspapier, ein Nagel

**Zeitpunkt:** Abends nach Beendigung des Bienenfluges

**Arbeitsschritte**

1. Entfernen Sie beim starken Volk Deckel und Folie; decken Sie das Volk mit einer Seite Zeitungspapier ab (stanzen Sie in das Papier vorher mit einem Nagel Löcher).
2. Setzen Sie das schwache Volk über das Zeitungspapier. Während die Bienen das Papier durchnagen, gewöhnen sie sich an den unterschiedlichen Geruch der Völker.
3. Nach einigen Tagen können Sie das restliche Zeitungspapier entfernen.

☞ *Im Frühjahr können Sie auf das Zeitungspapier verzichten, es kommt nur selten zu „Beißereien" zwischen den Bienen. Einige Imker verwenden eine Küchenrolle, da dieses Papier frei von Druckerschwärze ist.*

## MASSNAHME 2: ABFEGEN DES SCHWÄCHLINGS

Jede Wabe wird vor dem Flugloch eines anderen Bienenvolks abgefegt, nachdem die Königin des „Schwächlings" entfernt wurde. Die brauchbaren Brut- und Honigwaben stellen Sie in Völker, die sie nötig haben, oder schmelzen sie ein. Vergewissern Sie sich vorher jedoch, wie der Gesundheitszustand des Schwächlings ist. Treffen Sie auf viele Varroamilben, ist vorher eine Behandlung durchzuführen (siehe S. 152 ff.). Gibt es Hinweise auf andere Bienenkrankheiten, klären Sie ab, ob diese harmlos sind.

**Benötigte Materialien:** Grundausrüstung, Holzbrett

**Arbeitsschritte:** Der Schwächling wird vor dem starken Volk an oder auf ein Holzbrett abgefegt. Die Bienen laufen in das große Volk und betteln sich ein. In Zeiten von Räuberei (Juli/August, Anfang September) ist besser eine Vereinigung wie in 1 dargestellt vorzunehmen. Bei Regen oder Kälte laufen die Bienen nicht!

## MASSNAHME 3: HUCKEPACK-VERFAHREN

Im Zeitraum Februar bis zur Kirschblüte (nicht später!) kann man ein schwaches Volk einem starken Volk aufsetzen.

**Benötigte Materialien:** Absperrgitter

**Arbeitsschritte:** Hierzu entfernt man den Deckel und die Folie des starken Volkes, legt ein Absperrgitter auf und setzt das schwache Volk in der kompletten Zarge über das Absperrgitter. Erfreulicherweise kümmern sich die Bienen des stärkeren Volkes um den Schwächling, trotz des Vorhandenseins von zwei Königinnen – die nur vom Absperrgitter getrennt werden.

**Beendigung der Verstärkung:** Man hebt außerhalb der Flugzeit den ehemaligen Schwächling ab und stellt ihn am besten auf einem anderen Bienenstand (mind. 3 km entfernt) mit eigenem Beutenboden auf.

## MASSNAHME 4: VERSTÄRKEN MIT FLUGBIENEN DURCH PLATZTAUSCH

Dieses Verfahren wurde bereits traditionell in Korbimkereien angewendet. Voraussetzung ist Flugaktivität ab ca. März bis ca. Ende

Mai. Später im Jahr kann es zu Beißereien zwischen den Bienen kommen. Das Verfahren klappt nur auf demselben Bienenstand.

**Benötigte Materialien:** keine

**Arbeitsschritte:** Man stellt das schwache Volk auf die Position eines starken Volkes, welches auf die Position des Schwachen kommt. Die Flugbienen werden an ihrer ursprünglichen Position landen, auch wenn dies nun ein fremdes Volk ist. So hat das schwache Volk auf einmal viel mehr Bienen – das starke Volk kann die Schwächung innerhalb kurzer Zeit kompensieren.

### MASSNAHME 5: ABTÖTEN DES VOLKES

Sitzt im Bienenkasten nur noch ein „Häuflein Elend“, dann ist es falschverstandene Tierliebe, wenn Sie diese Bienen retten wollen. Besonders im zeitigen Frühjahr sind extrem kleine Schwächlinge auf verkoteten Waben abzuschwefeln. Ein Fachmann (Gesundheitsobmann des Imkervereins) wird Ihnen helfen. Diese Maßnahme muss nur in ganz seltenen Fällen getroffen werden – je früher man das Problem erkennt, desto eher kann man eingreifen.

## ☞ PROBLEME BEI DER KONTROLLE EINES VOLKES

| PROBLEMFALL | ABHILFE |
|---|---|
| Die Königin sitzt auf der gezogenen Wabe und Sie sind unsicher, was Sie tun sollten. | Fangen Sie die Königin mit dem Clip von der Wabe (siehe S. 94). |
| Sie finden die Königin nicht. | Suchen Sie nach „Indizien“; wenn Sie Eier (Stifte) sehen, dann ist die Königin vorhanden. |
| Waben werden schräg aus der Zarge gehoben. Es gibt Kontakt mit Nachbarwaben. Bienen oder Wabenteile werden zerdrückt. | Wabe senkrecht herausheben. |
| Die Wabe wird zu schnell aus der Zarge gehoben, Bienen fallen von der Wabe herunter. | Nehmen Sie sich Zeit und arbeiten Sie langsamer und behutsamer. |
| Es fehlte eine Wabe in der Zarge. Die Bienen haben den Freiraum mit einer wild gebauten Wabe ausgefüllt. | Diese gilt es vorsichtig zu entfernen. Mit Rauch die Bienen vertreiben, Stück für Stück mit der Feder aufsitzende Bienen abfegen und die Wabe mit dem Stockmeißel lösen. Vorsicht: Die Königin kann auf dieser Wabe mit der Eiablage beschäftigt sein. Warten Sie, bis alle Bienen durch den Rauch vertrieben wurden. |
| Beim Wiederaufsetzen der Zarge oder des Deckels werden Bienen auf der Zargenkante zerdrückt. | Geben Sie vor dem Aufsetzen mehrere Rauchstöße besonders entlang der Zargenkanten. |
| Sie können die letzte Wabe nicht in die Zarge zurückgeben, da es an Platz mangelt. Zwischen den Abstandshaltern ist überflüssiger Raum. | Schieben Sie die Waben dichter zusammen, dann passt auch die letzte Wabe! Am besten die Bienen von der Wabe abfegen, dann gibt es beim Zurücksetzen kein „Zerdrücken“. |

# VERMEHRUNG VON VÖLKERN

## — *Schwarm und Königin*

# RUND UM DEN SCHWARM

Bienenvölker vermehren sich durch „Zweiteilung“ über Schwärme. Die alte Königin verlässt mit rund der Hälfte der Bienen den Bienenstock – in der Regel kurz bevor ihre Nachfolgerin, die erste junge Königin, aus ihrer Weiselzelle schlüpft. Die abgeflogenen Bienen sammeln sich in der Nähe, möglichst an einem höheren Gegenstand, z. B. einem Baum. Dort hängt der Schwarm einige Stunden oder wenige Tage, er sucht sich eine neue Unterkunft, zu der er fliegt, dort einzieht und mit dem Bau von Waben für ein neues Brutnest und für Vorräte beginnt. Im zurückgebliebenen Volk bringt die erst geschlüpfte Königin ihre Konkurrentinnen um und fliegt nach einigen Tagen zur Begattung aus – die Grundlage für die baldige Eiablage.

Falls das zurückbleibende Volk sehr groß ist, können nacheinander mehrere junge Königinnen schlüpfen, die jeweils mit Flugbienen als Nachschwarm abfliegen. Der erste und z. T. der zweite Nachschwarm können noch recht groß sein. Darauf folgende Nachschwärme sind meist klein.

Nachschwärme können mehrere unbegattete Königinnen enthalten – die Zahl reduziert sich recht bald; die jeweils Überlebende fliegt zur Begattung aus. Ein Schwarm ist ein „Naturwunder“, in Korbimkereien sind sie nötig, in modernen Imkereien werden sie eher als „Betriebsunfall“ angesehen.

*Nach dem Schlupf der Königin(nen) werden die Weiselzellen abgenagt.*

## FAKTOREN FÜR DAS SCHWÄRMEN

Mehrere Faktoren lösen den Schwarmtrieb aus:

1. Platzmangel und Überfluss: Die Waben sind voll mit Brut, Honig und Pollen; die Wabengassen sind prall mit Bienen gefüllt. Die Königin hat kaum noch Platz zum Eierlegen.
2. Es gibt einen großen Überschuss an Futtersaft, den die Jungbienen produzieren – da die Brutmenge nicht weiter wächst, kann der Futtersaft keine Abnehmer finden.
3. Königinnen, die älter als ein Jahr sind, schwärmen eher als Jungköniginnen – Ausnahmen gibt es selbstverständlich.
4. Genetisch bedingter Schwarmtrieb: Man kann Bienen auch auf Schwarmträgheit selektieren.

*Kippkontrolle: Weiselzellen können auf und unter den Waben erkannt werden.*

## SCHWARMSTIMMUNG

Das Einsetzen und die Stärke der Schwarmstimmung kann man erkennen an:

- Die Bienen bauen anfangs Spielnäpfchen (unbestiftet). Im fortgeschrittenen Stadium werden die Weiselnäpfchen bestiftet. Die Näpfchen erkennen Sie bei der Kontrolle jeder einzelnen Wabe oder (mit mehr Erfahrung) beim Ankippen der Bruträume (Kippkontrolle). Schauen Sie in die Näpfchen (Wabe kippen) oder öffnen Sie dieses mit dem Stockmeißel, um nach Brut zu schauen.
- Die Bau- und Sammelaktivität nehmen trotz guter Trachtsituation ab.
- Flugbienen hängen auch bei Flugwetter „faul" unter den Waben und „verweigern" das Sammeln: „Bienenbärte" (große Menge Bienen) hängen dann auch tagsüber aus dem Flugloch. (Anmerkung: So sieht es auch im (Spät-)Sommer aus).
- Nicht mehr zu bremsender Schwarmtrieb: Es sind bereits mehrere verdeckelte Weiselzellen im Volk.

☞ *Das Volk kann kurzfristig auch den Schwarmtrieb wieder „abstellen", die Weiselzellen werden wieder abgebaut.*

### MASSNAHMEN ZUM BREMSEN DER SCHWARMSTIMMUNG

Direkt zu Beginn der Schwarmstimmung helfen meist noch Maßnahmen wie die Erweiterung mit Mittelwänden zur Nutzung des Bau- und später des Sammeltriebes, um die Stimmung wieder zu senken.

- Geben Sie den Bienen mehr Raum, erweitern Sie rechtzeitig und brechen Sie bei der Kontrolle alle Weisel- und Spielnäpfchen aus (keine langfristige Wirkung). Dies sollten Sie alle 7 – 9 Tage bei einer Völkerdurchsicht machen.
- Geben Sie Mittelwände, auch zwischen Brutwaben, zum Anregen der Bauaktivität.

*Viele Schwärme hängen sich häufig in der Nähe des Bienenstandes in Bäume oder Büsche.*

— Bilden Sie Ableger durch die Entnahme von Brut- und Pollenwaben (Brutableger: Reservevölker). Sie reduzieren gleichzeitig die Anzahl Varroamilben im Volk.

Wenden Sie drastische Maßnahmen an, wenn bereits verdeckelte Weiselzellen vorhanden sind:

**Methode A:** Bilden Sie einen Königinableger (siehe S. 101 f.) und belassen Sie eine verdeckelte Weiselzelle im Volk, denn hieraus schlüpft die neue Königin für das Volk. Eine Woche nach Schlupf fliegt die Königin zur Begattung aus. Es kann passieren, dass das Volk erneut in Schwarmstimmung kommt.

**Mehode B:** Die 2 x 9 Tage-Methode nach Golz verlängert nach der Entnahme der Königin die weisellose Phase und bietet dann die Wahl zwischen der Nachzucht einer neuen oder der Rückgabe der alten Königin (siehe S. 102).

**Methode C:** Sie nehmen dem Volk die Flugbienen weg, durch die Bildung eines Fluglings (siehe S. 102) oder eines großen Kunstschwarms (siehe S. 103).

## STEIGERUNG DES SCHWARMTRIEBS UND GEGENMASSNAHMEN

Das Schwarmverhalten der Bienen hat zwar einige aufeinander folgende Entwicklungsstufen, doch diese können auch beeinflusst werden:

Das Volk kann sich wegen der Witterungsentwicklung entschließen, z. B. die verdeckelten Weiselzellen wieder abzutragen und die Königinnenlarven zu entfernen. Imker können versuchen, mit folgenden Maßnahmen (siehe Tabelle, S. 88) den Schwarmtrieb zu beeinflussen und so das Schwärmen zu verhindern – sollten Sie einen Schwarm unbedingt haben wollen, dann unterlassen Sie diese Maßnahmen.

## ☞ SCHWÄRMEN – ANZEICHEN UND MASSNAHMEN

| | BESTEHT SCHWARM-GEFAHR? | LEICHT BREMSENDE MASSNAHMEN | STARK BREMSENDE MASSNAHMEN | SICHERE SCHWARM-VERHINDERUNG |
|---|---|---|---|---|
| **Spielnäpfchen** | nicht akut | — Volk ausreichend erweitern und bauen lassen (Mittelwände),<br>— bald Brutableger bilden | nicht nötig | nicht nötig |
| **Bestiftete Weiselzellen oder Rundmaden in Weiselzellen** | baldiges Schwärmen in ca. 10 Tagen | reichen nicht aus | — Zellen brechen<br>— stark erweitern: zwischen Brutwaben im Wechsel Mittelwände geben<br>— Volk stark schröpfen: Brutableger oder Kunstschwarm bilden | — Zellen brechen<br>— Königin aus dem Volk nehmen (*)<br>— nach 9 Tagen Zellen auf eine reduzieren (**) oder 2 x 9-Tage-Methode anwenden (***) |
| **Verdeckelte Weiselzelle** | sehr akut | reichen nicht aus | reichen nicht aus | — Zellen brechen<br>— Königin aus dem Volk nehmen (*)<br>— nach 9 Tagen Weiselzellen auf eine reduzieren (**) oder 2 x 9-Tage-Methode anwenden (***) |
| **Geschlüpfte Weiselzelle(n)** | Volk ist schon geschwärmt, ist evtl. gerade dabei | reichen nicht aus | reichen nicht aus | — wenn Altkönigin auffindbar, mit Kunstschwarm entnehmen<br>— Jungköniginnen käfigen und sicherstellen (****)<br>— Wabe mit noch geschlossenen Weiselzellen als Brutableger sicherstellen (****) |

(*) Königinableger, siehe S. 101 f.

(**) Wenn man das Volk sehr (!) stark schröpft, kann man eine Zelle belassen oder die alte Königin zurück ins Volk setzen.

(***) 2 x 9-Tage-Methode nach Golz: Man verlängert den Zustand der Weisellosigkeit, indem man nach 9 Tagen alle Weiselzellen bricht und eine Eiwabe gibt. Nach weiteren 9 Tagen kann man (a) alle Weiselzellen auf der ehemaligen Eiwabe bis auf eine brechen und die junge Königin im Volk belassen, (b) alle Weiselzellen brechen und die alte Königin im Käfig und geöffnetem Ausfressgang unter Futterteig zurück in das Volk setzen (siehe S. 102).

(****) Die Situation ist unklar: Ist die alte Königin schon geschwärmt? Sind geschlüpfte Königinnen mit Nachschwärmen abgeflogen und sitzt die verbliebene Königin noch in der verdeckelten Zelle?

*Mit Hobbock und Bienenbesen geht es zum Schwarmeinfangen.*

*Leiterersatz: Schwarmfangsack an einer langen Stange.*

### SIE WERDEN VOM SCHWARM ÜBERRASCHT?

Wenn Sie keine Zeit hatten, sich auf das Schwarmeinfangen vorzubereiten, dann können Sie durch Improvisieren fehlende Ausrüstung ersetzen:
Als Schwarmfangbehälter und als erste Behausung für den Schwarm können Sie problemlos einen Karton mit mindestens 30 x 30 x 40 cm Längenmaßen verwenden. Einige Imker schlagen den Schwarm direkt in den Karton und stellen ihn dann in Sichtkontakt auf den Boden. Ein Flugloch von mindestens 2 cm Durchmesser lässt sich leicht in den Karton schneiden und beim späteren Transport mit Klebeband – wie auch den Deckel – bienendicht verschließen. Wer keinen Karton, jedoch einen Imkerschleier zur Hand hat, kann den Schleier zum „Einfangen" des Schwarms und zum Transport in eine Beute verwenden. Doch hoffentlich ist der Schleier dicht.
Der Schwarm sollte auch in der „provisorischen" Kiste nicht der prallen Sonne ausgesetzt sein – schattig stellen, sonst zieht er schnell wieder aus.

## EINFANGEN EINES SCHWARMS

Es ist nur natürlich, wenn trotz sorgfältiger Kontrolle ein Volk schwärmen kann – besonders nach einer längeren Regenperiode im Frühjahr/Sommer: Der Imker „verzichtete" auf eine Völkerdurchsicht und die Bienen „nutzen" die Gelegenheit und setzen ganz schnell Weiselzellen an. Oder: Eine Weiselzelle wurde bei der Kontrolle übersehen, vielleicht lag sie „verborgen", z. B. in einer Ecke der Wabe.

**Benötigtes Material:** Ein leerer Hobbock, eine leere Beute oder ein Kunstschwarmkasten, ein Tuch zum Abdecken des Kastens, ein Wassersprüher (Sprühflasche), eine Leiter und Astschere bei Bedarf. Handeln Sie sofort, sonst fliegt der Schwarm sehr bald weiter.

☞ *Tipp für „Leiter-Muffel": Ein Schwarmfangsack an einer Teleskopstange (Imkerbedarfshandel) kann teilweise bei hoch und eher frei hängenden Schwärmen (kein dichtes Geäst) eingesetzt werden. Auf jeden Fall für den Imker sicherer als eine Leiter!*

*Ansprühen der Traube mit Wasser.*

*Kiste direkt unter der Traube.*

*Nach Kellerhaft: Öffnen der Schwarmkiste.*

*Schwarmtraube direkt in die Beute stoßen.*

*Leeren der Schwarmkiste – auf Mittelwände.*

### Arbeitsschritte

1. Besprühen Sie die Schwarmtraube reichlich mit Wasser, sobald sich der Schwarm gesetzt und die Schwarmtraube gebildet hat. Das beruhigt die Bienen; außerdem können sie mit feuchten Flügeln schlechter abfliegen.
2. Halten Sie den Hobbock (oder Schwarmfangkasten) direkt unter die Schwarmtraube. Fegen Sie mit dem Bienenbesen am Ast entlang, sodass die Traube in den Hobbock fällt.
   **Alternative Technik:** Rütteln Sie die Bienentraube vom Ast in den Hobbock. Eventuell müssen Sie vorher einige Zweige oder Äste abschneiden, um an die Traube zu kommen – manchmal ist das Abschneiden des Astes samt Schwarmtraube möglich.
3. Schütteln Sie den Schwarm mit einem Ruck in die leere Beute bzw. in den Kunstschwarmkasten und stellen diesen am Boden mit geöffnetem Flugloch in Sichtverbindung mit der Stelle auf, an der der Schwarm hing.
4. Wenn die Königin im Kasten sitzt, werden alle übrigen Bienen folgen. Ansonsten sammelt sich die Traube neu im Baum – dann wiederholen Sie das Einfangen.
5. Die Bienen haben sich nach ca. einer Stunde im Kasten, z. T. auch außerhalb auf der Beute gesammelt. „Überreden" Sie außen wartende Bienen mit Wassersprüher. Schließen Sie den Kasten – die Lüftungsflächen verhindern ein Verbrausen. Stellen Sie den Schwarm für ca. 24 Stunden(*) an einen kühlen und dunklen Ort (Kellerhaft): Die Bienen brauchen in dieser Zeit ihre Futtervorräte auf! Schwärme sollten Sie in jedem Fall wegen der „günstigen Gelegenheit" gegen die Varroamilbe behandeln (siehe S. 163).

(*) Einige Imker machen dies nur bis zum Abend – je kürzer die Kellerhaft, desto größer ist die Gefahr, dass der Schwarm wieder auszieht!

*Schwarm läuft nach der Kellerhaft direkt in die neue Beute.*

## EINLOGIEREN DES SCHWARMS

**Benötigtes Material:** Grundausrüstung sowie einen Boden, einen Deckel, eine Folie, eine Zarge mit Mittelwänden, bei Bedarf eine Futterzarge oder Leerzarge mit Futtergeschirr (siehe S. 109 f.), 2 – 5 l Zuckerwasser (siehe S. 107).

### Arbeitsschritte

1. Bringen Sie den Schwarm nach der Kellerhaft zum gewünschten Standort, wo Sie den Boden mit geöffnetem Flugloch und Leerzarge aufstellen.
2. Beim Öffnen des Schwarmkastens hängt die Schwarmtraube unter dem Deckel. Stoßen Sie den Schwarm in die Leerzarge, ebenso die übrigen Bienen aus dem Kasten.
3. Stellen Sie die Mittelwänden in die Leerzarge, ohne die Bienen zu quetschen.
4. Geben Sie dem Schwarm bei Regen oder außerhalb einer Massentracht sofort Flüssigfutter. Verschließen Sie die Beute mit Folie und Deckel. Nach ca. sieben Tagen kontrollieren Sie den Schwarm auf Weiselrichtigkeit (Brut) und Bauaktivität (Drohnenbau weist auf Weisellosigkeit hin). Füttern Sie weiter (nicht bei Tracht) und erweitern Sie rechtzeitig mit einer Zarge mit Mittelwänden. Naturschwärme sind die besten „Wabenausbauer" (ein Vorschwarm baut ca. 10 Tage, ein Nachschwarm ca. 14 Tage).

*Die Königin hat die Weiselzelle geöffnet, sie ist geschlüpft.*

*Weiselnäpfchen sind nach unten hin geöffnet.*

## SCHWARMKONTROLLE DES ZURÜCKGELASSENEN VOLKS

Bei dem geschwärmten Volk ist meist kaum Flugaktivität erkennbar. Die Situation im Volk kann unübersichtlich sein: Sie finden evtl. viele noch nicht oder teilweise geschlüpfte Weiselzellen oder „schlimmstenfalls" laufen auf den Waben mehrere junge Königinnen (z. B. käfigen und auf Ableger-/Begattungskästchen verteilen). Manchmal hat sich ein Volk auch „leer geschwärmt", es gibt keine Königin!

Falls Sie mehrere verdeckelte Weiselzellen finden, sollten Sie eine belassen und die übrigen entfernen. Nach ca. 2 Wochen können Sie junge Brut von der jungen Königin finden, ansonsten führen Sie die Weiselprobe (siehe S. 94) durch.

— Füttern Sie das Volk, falls der Honigvorrat bei anhaltender Schlechtwetterperiode aufgebraucht ist, oder stellen Sie Futter-/Honigwaben an den Bienensitz.
— Behandeln Sie die junge Königin, als ob es sich um eine Königin im Ablegervolk handelt: Zeichnen, Beobachtung des Brutnestes und der Eigenschaften der Bienen.
— Ersetzen Sie die junge Schwarmkönigin durch eine andere, falls das Volk nicht optimal ist (z. B. unruhig). Dies sollten Sie jedoch nicht sofort tun, da es dauert, bis das Volk aus Arbeiterinnen der neuen Königin besteht.

### RECHTSTELEGRAMM

— Ein Bienenschwarm wird herrenlos, wenn der Eigentümer ihn nicht unverzüglich verfolgt oder wenn er die Verfolgung aufgibt (§ 961 BGB).
— Gewohnheitsrechtlich kann ein gefundener Schwarm gekennzeichnet und daran so Eigentum erworben werden. Der Eigentümer des Bienenschwarms darf bei der Verfolgung fremde Grundstücke betreten. Entstehende Schäden sind zu ersetzen (§ 962 BGB).

# RUND UM DIE KÖNIGIN

Bei der Völkerdurchsicht können Sie die Wabe mit aufsitzender Königin nach der Wabenkontrolle zurück in das Volk oder in den Wabenbock stellen. Wichtig ist, dass die Königin nicht zu Schaden kommt (gequetscht wird) oder abfliegt (machen nur sehr junge Königinnen).
Sicherer: Sie fangen die Königin mit dem Clip von der Wabe ab und legen den Clip zur Seite bzw. auf schon kontrollierten Waben/Wabenbock. Wenn Sie das Volk wieder zusammensetzen, lassen Sie die Königin in eine Wabengasse laufen.

## DIE WEISELPROBE

Ein weiselloses Volk „verrät" Ihnen seine Weisellosigkeit, indem es in der Brutperiode Weiselzellen ansetzt. Ein weiselrichtiges Volk (Königin ist da) macht dies nicht – es setzt Weiselzellen nur zum Schwärmen an! Sie können leicht überprüfen, ob die Königin sich im Bienenvolk befindet oder verlorengegangen ist. Anhaltspunkte für eine solche Vermutung sind meist das Fehlen von Stiften und jüngsten Maden und eine Unruhe im Volk („Heulen" und unruhiges Herumlaufen der Bienen auf der Wabe).

### Arbeitsschritte der Weiselprobe

1. Fegen Sie eine helle, „offene" Arbeiterinnen-Brutwabe (mit Stiften oder jüngsten Maden) eines Nachbarvolkes ab.
2. Stellen Sie diese Brutwabe in die Mitte des vermuteten „weisellosen" Volkes. Kennzeichnen Sie den Oberträger z. B. mit einer Reißzwecke.
3. Nach ca. 7 Tagen kontrollieren Sie die Brutwabe: Finden Sie angezogene Weiselzellen, dann ist das Volk eindeutig weisellos. Falls Sie keine Weiselzellen finden, ist im Volk eine (unbegattete oder begattete) Königin! Unklar bleibt der Grund, warum die Königin keine Eier gelegt hat: Es kann sich auch um eine wetterbedingte Brutpause handeln, oder das Volk hat still umgeweiselt, es ist eine junge, unbegattete oder vor kurzem erst begattete Königin im Volk. Je nach Jahreszeit (April bis Juli) warten Sie ab, bis Sie frische Brut finden. Falls Sie eine andere Königin einweiseln möchten, müssen Sie vorher die „Neue" finden! Ein zweiter Imker sollte hierbei mithelfen.

*Duftstoffe der Königin signalisieren ihre Anwesenheit.*

## ☞ WEISELPROBE MASSNAHMEN

| **ERGEBNIS DER WEISELPROBE** | Positiv: Weiselzellen angesetzt | Negativ: keine Weiselzellen angesetzt |
|---|---|---|
| **FOLGERUNGEN FÜR DAS VOLK** | ist weisellos | ist nicht weisellos: es gibt eine unbegattete/begattete Königin (oder Weiselzellen auf anderen Waben) |
| **KONSEQUENZEN – JE NACH JAHRESZEIT, VOLKGRÖSSE UND SITUATION** | — 1 Weiselzelle belassen, Rest brechen: Königin nachziehen, oder<br>— alle Weiselzellen brechen, Königin gekäfigt zusetzen, oder<br>— Volk vereinigen, oder<br>— Volk auflösen | — Volk beobachten (Kontrolle) und abwarten (Begattung der neuen Königin), oder<br>— nach der Königin suchen, sie belassen oder austauschen |

*Mit dem Clip fängt man die Königin vorsichtig ein (links). Die Arbeiterinnen kümmern sich um ihre Königin (rechts).*

*Ein weiselloses Volk legt meist wenige Weiselzellen (auf Wabenmitte) an.*

## STILLE UMWEISELUNG

Eine Königin kann zwischen zwei und drei Jahren, in Ausnahmefällen auch vier Jahre lang ihre Arbeit gut verrichten. Allgemein gilt: je jünger die Königin, desto aktiver ist sie (meistens). Ältere Königinnen (ab 2 Jahre) bergen das Risiko, z. B. im Winter abzusterben.

Im Normalfall erkennen die Arbeiterinnen, wenn ihre Königin Alterserscheinungen zeigt, erkrankt ist oder nicht mehr ausreichend Sperma besitzt: Sie werden vorsorglich Nachschaffungszellen, d. h. Weiselzellen, ansetzen. Meist sind es nur wenige und diese liegen eher mittig auf der Wabe. Schwarmzellen dagegen sind zahlreicher und werden häufig am Wabenrand angelegt.

Die „stille Umweiselung“ ist ein natürliches (und sicheres) Verfahren, wenn diese in den Monaten Mai bis ca. Anfang Juli stattfindet – davor und danach gibt es keine/zu wenig Drohnen zur Begattung. Haben Sie die Nachschaffungszellen (versehentlich) herausgebrochen, kontrollieren Sie, ob eine Woche später neue angelegt wurden; ansonsten muss die alte Königin gegen eine neue ausgetauscht werden!

## UNREGELMÄSSIGES BRUTNEST

Ein unregelmäßiges Brutnest, also freie oder anders als mit Brut belegte Zellen auf Brutwaben, ist nicht automatisch ein Zeichen für eine „schlechte“ oder alte Königin:

- Bei Tracht- und Futtermangel reduziert die Königin ihre Legeaktivität und Arbeiterinnen fressen Eier und jüngste Larven auf. Hierdurch wird lebensnotwendiges Eiweiß zurückgewonnen. Diese Form von Brutkannibalismus ist regulierend und ganz normal.
- Durch Inzucht bedingte leere Brutzellen (nur bei Königinnen vom Züchter).
- Eine einsetzende Tracht und Platzmangel für den neuen Honig führen zum „Verstopfen” der Brutwaben, da hier viel Honig abgelagert wird. Manchmal weigern sich die Bienen, das Absperrgitter zu passieren. Auch ein starker Polleneintrag kann Brutzellen „blockieren“. Abhilfe: Erweitern Sie das Volk.
- Die Brut stirbt als Ei, Larve oder auch in verdeckeltem Stadium krankheitsbedingt ab. Nach dem Ausräumen durch Putzbienen wird die jeweilige Zelle wieder frei. Ursachen klären (siehe S. 146 f.).

## ZEICHNEN DER KÖNIGIN

Sie können eine Königin im Volk leichter wiederfinden, wenn Sie ihr ein Farbplättchen auf den Thorax kleben oder sie mit einem farbigen Filzstift markieren. Es gibt im Imkerbedarfshandel verschiedene Geräte, um diese Arbeit durchzuführen. Anfänger sollten dies nicht ohne Anleitung und vielleicht mit Drohnen zum Üben durchführen. Einige Imker fixieren die Königin mit den Fingern – andere in einem Zeichenrohr mit Hilfe eines Stempels. Das Hantieren mit Kleber und Opalith-Farbplättchen unbedingt vorher üben! Manchmal fallen die Königinnen beim/nach dem Aufkleben des Plättchens in Ohnmacht – keine Panik, im Clip kommt die Königin bald wieder zu sich. Die Farbmarkierung mit dem Farbstift hält ca. 1 Jahr – am besten markiert man den Thorax und etwas Flügel.

*Markieren der Königin (im Zeichenrohr) mit einem Farbstift.*

### ALTERNIERENDER FARBCODE FÜR KÖNIGINNEN

2016 – weiß, 2017 – gelb,
2018 – rot, 2019 – grün,
2020 – blau, 2021 – weiß,
2022 – gelb, 2023 – rot,
2024 – grün, 2025 – blau, ...

Auf das Beschneiden eines Flügels der Königin verzichte ich. Dies ließe sich aber mit einer Nagelschere bei dieser Gelegenheit durchführen. Es kann zum Abstechen der Königin kommen, da die Bienen sie für „behindert" halten. Außerdem geht die Königin beim Versuch, zu schwärmen, schnell verloren, sie fällt vom Flugbrett, wird vielleicht von Vögeln gefressen. Nachschwärme sind möglich (wahrscheinlich)!

## KÖNIGIN-VERMEHRUNG

Neben Wirtschaftsvölkern sollten Sie auch Ersatzköniginnen bzw. Ablegervölker auf dem Bienenstand haben. Bei Verlust einer Königin können Sie den Ableger mit dem weisellosen Volk vereinigen (siehe S. 82) oder die „Ersatzkönigin" zusetzen.
Die Bildung von Ablegern setzt die Vermehrung von Königinnen voraus.
Die echte „Zucht" mit Selektion wird von spezialisierten Imkern (Züchtern) z. B. nach festgelegten Standards durchgeführt. Sie sollten (regelmäßig oder bei Bedarf) möglichst Zuchtstoff (Larven) von einem Züchter oder von einem Lehrbienenstand verwenden, um die Qualität Ihrer Bienen zu verbessern. Folgende Merkmale bzw. Eigenschaften werden dabei als Zuchtziel angestrebt:

*Rückgabe der Königin mit aufgeklebtem Farbplättchen.*

*Königinnenzucht: Umlarven jüngster Maden mit Umlarvlöffel, hier in Kunststoff-Weiselnäpfchen.*

— Die Bienen sollen gesund (vital) sein.
— Das Arbeiten macht nur Freude mit wabensteten, sanftmütigen, nicht angriffslustigen Bienen, die bei der Kontrolle ruhig auf der Wabe sitzenbleiben.
— Bau- und putzaktive Bienen sind ebenso wichtig wie zukünftig auch Varroatoleranz – hier ist man zurzeit noch am Anfang der Zucht und Forschung.
— Den meisten Honig ernten Sie von sammelfreudigen und nicht schwarmfreudigen Bienenvölkern.

Sämtliche aufgezählte Eigenschaften sieht man den Bienen und der Königin beim Kauf nicht an!
Die „Kunst" der Königinvermehrung in größeren Maßstäben können Sie in Kursen verlernen. Die wichtigsten Schritte der Vermehrung werden hier nur grob skizziert – es bestehen viele Variationsmöglichkeiten:

1. Eine junge Larve wird mit dem Umlarvlöffel in ein Weiselnäpfchen, hier an einem Span befestigt, überführt.
2. In einem (weisellosen) Pflegevolk oder in einem weiselrichtigen Pflegevolk im Honigraum wird die Larve gefüttert und das Weiselnäpfchen verlängert.
3. Vor Schlupf wird die Weiselzelle in einen (brut- und weisellosen) Ableger oder in ein Begattungskästchen mit Bienen gegeben.
4. Nach erfolgreicher Begattung der Königin finden Sie Brut.
5. Das Begattungskästchen kann mit Bienen und auslaufenden Brutwaben verstärkt und in einen Ablegerkasten umgesetzt werden. Alternativ wird die Königin in ein (Wirtschafts-)Volk umgeweiselt. Einige Imker überwintern Begattungskästchen mit (mehreren) aufsetzbaren Zargen.

## TRANSPORT EINER BIENENKÖNIGIN

Eine Königin mit Begleitbienen können Sie im Königinnenkäfig über mehrere Tage transportieren oder gar mit der Post verschicken. Der Käfig hat eine Kammer, in die Sie etwas Futterteig pressen – keinen Honig, da die Königin sonst leicht verklebt. Die Königin fangen Sie mit dem Königinnenclip von der Wabe und lassen sie in den Käfig laufen. Anfänger machen das besser in einem geschlossenen Raum, falls die Königin herunterfällt oder abfliegt.

Geben Sie rund acht sehr junge, „graue" Bienen (aus dem gleichen Volk) zusätzlich in den Käfig – diese werden die Königin versorgen. Sie finden im Fachhandel eine Vielzahl von unterschiedlichen Käfigen. Gerade beim Postversand haben sich die flachen, stabilen Versand- und Zusetzkäfige aus Kunststoff bewährt. Der Briefumschlag muss jedoch Löcher zur Belüftung enthalten. Extreme Temperaturen beim Transport unbedingt vermeiden!

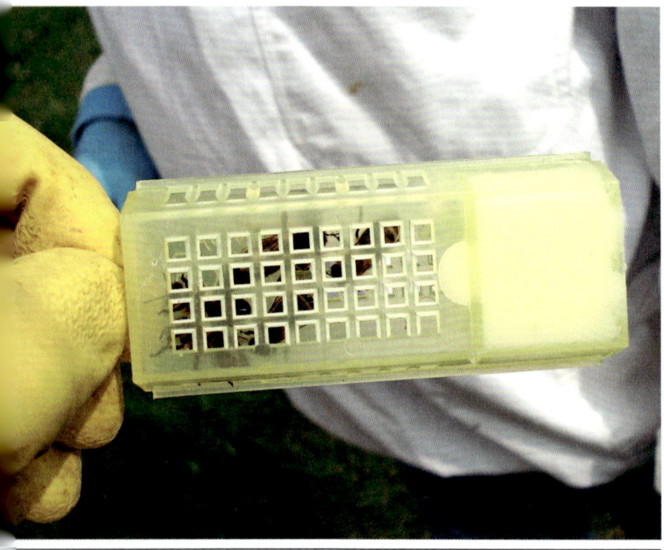

*Königin im Käfig mit Begleitbienen und Futterteig.*

## DAS ZUSETZEN EINER KÖNIGIN

Hier gibt es eine Vielzahl von Variationen, wichtig sind folgende Fakten:

Während akuter Schwarmstimmung ist das Zusetzen einer Königin problematisch: Das Volk will eine „eigene" Königin. Damit es eine Königin annimmt, muss es „hoffnungslos weisellos" sein: keine Eier/Rundmaden und keine unbegattete Königin. Im Juli und teilweise im August herrscht eine „aggressivere" Stimmung, im September/Oktober und im Frühjahr ist das Zusetzen meist unproblematisch. Sie werden häufig jedoch nicht auf den „richtigen" Monat warten (können oder wollen). Ist ein Volk über Tage schon weisellos, dann ist die Akzeptanz einer neuen Königin ebenfalls gering – auch wenn uns Menschen das „unsinnig" erscheint.

**Methode A:** Sie entnehmen die alte Königin und hängen sofort eine neue (ohne Begleitbienen) gekäfigt in das Volk, in eine verbreiterte Wabengasse. Der Käfig ist an einem Stück Wabendraht befestigt. Die Ausfressöffnung des Käfigs ist „nur" mit Futterteig verschlossen.

**Methode B:** Wie A, jedoch bleibt der Käfig für 2 – 3 Tage fest verschlossen. Die Ausfressöffnung wird erst dann durch Futterteig ersetzt. Eine sichere Methode, auch für den Einsatz in bereits länger weisellosen Völkern. Kontrollieren Sie den Erfolg des Zusetzens frühestens nach einer Woche; den leeren Käfig nehmen Sie dabei aus dem Volk. Falls Sie Weiselzellen finden, diese brechen und das Volk im Auge behalten!

☞ *Noch sicherer (für die Königin) ist die Vereinigung mit einem Ablegervolk – die Bienen des Ablegers schützen „ihre" Königin. Aggressives Verhalten der weisellosen Bienen wird nicht an der Königin ausgelassen.*

*Ablegerstand: Jungvölker in Ablegerkästen mit farbiger Front gegen Bienenverflug.*

# ABLEGER (JUNGVÖLKER)

Ein Ableger ist ein kleines Bienenvolk (3 – 10 Waben) mit einer jungen Königin; man kann die Ablegerbildung als eine wichtige Maßnahme zur Schwarmverhinderung durchführen. Es gibt auch hier eine Vielzahl von Methoden und deren Abwandlungen – daher beschränke ich mich auf wenige Verfahren.

## BILDUNG EINES BRUTABLEGERS

### Vorteile

— Der Schwarmtrieb wird abgeschwächt oder kommt erst gar nicht in Gang (Schröpfen).

— Die meisten Varroamilben sitzen im Frühjahr/Sommer in der Bienenbrut, um sich dort zu vermehren. Durch den Brutableger wird das Wirtschaftsvolk entlastet: Milben werden aus dem Volk genommen (Ableger behandeln).

— Für einige Imker ist dies eine gute Gelegenheit, dunkle Brutwaben aus den Wirtschaftsvölkern herauszuholen – andere meiden diesen Ansatz der Wabenerneuerung.

**Benötigtes Material:** Zur Ablegerbildung benötigen Sie einen Ablegerkasten oder eine Zarge mit Boden und Deckel, Mittelwände für die entnommenen Waben, evtl. Lüftungsgaze, 2 Futterwaben (später: Futterteig/Flüssigfutter, evtl. Trennschied (oder Futtertasche), Fluglochkeil/Schaumstoff, Folie.
**Optimaler Zeitpunkt:** ca. Ende April bis Ende Juni

### Arbeitsschritte

1. Entnehmen Sie aus einem oder mehreren Völkern 2 – 3 verdeckelte Brutwaben mit aufsitzenden Bienen – darunter auch Zellen mit Arbeiterinneneiern oder jüngste Maden. Baldige schlupfreife Brut sorgt für genug Ammenbienen im Ableger.

*Brutableger bilden: Entnahme von Brutwaben mit Bienen aus starkem Volk.*

*Brutableger im Ablegerkasten – die Brutwaben werden von zwei Futterwaben umrahmt.*

2. Stellen Sie die Waben in einen Ablegerkasten oder in eine Zarge mit Boden mit Trennschied oder Futtertasche zum Abschluss, wenn der Beutenraum zu groß ist. Die Brutwaben werden seitlich von jeweils einer Futterwabe „eingerahmt".
3. Fegen Sie noch Jungbienen zum Ableger – aus dem Honigraum oder von offenen Brutwaben (ohne die Königin abzufegen!). Legen Sie die Folie und den Deckel auf.
4. Engen Sie das Flugloch auf 1 cm (!) Breite ein (Fluglochkeil/-schieber oder Schaumstoff), damit der Ableger nicht ausgeräubert wird.
5. Aufstellung des Ablegers: (A) über Nacht (ca. 12 – 24 Stunden) in Kellerhaft (dunkel und kühl) mit Lüftungsgaze (Boden/Flugloch oder Deckel), danach am Bienenstand, möglichst abseits der Wirtschaftsvölker, (B) direkt am Bienenstand abseits der Wirtschaftsvölker: Die Flugbienen fliegen zurück zu „ihren" Völkern – das kann man bei der Bildung mit ausreichend Jungbienen ausgleichen, oder (C) auf einem anderen Bienenstand (> 3 km weit weg).
6. Nach 30 Tagen finden Sie eine junge, begattete Königin, die in Eiablage gegangen ist – wenn alles geklappt hat. Abwandlung: Eine Brutwabe mit einer verdeckelten / offenen Weiselzelle beschleunigt das Verfahren.

## ABLEGERPFLEGE

Erweitern Sie den Ableger – nach Brutbeginn – mit Mittelwänden und sorgen Sie für einen kontinuierlichen, aber nicht zu großen Futterstrom (Flüssigfutter oder Futterteig).

Weisellose oder drohnenbrütige Ableger lösen Sie direkt auf, indem die Bienen vor ein anderes Volk gefegt werden. Lieber einen neuen Ableger bilden, als weiter herumzuprobieren: Je älter die Bienen, desto schlechter ist die Pflege der Weiselzellen.

## ERWEITERUNG DES ABLEGERS

Der Ableger sollte zur Überwinterung eine Zarge mit zehn Waben gut besetzen. Je kleiner das Bienenvolk, desto größer das Risiko des Winterverlustes! Wenn der Ableger in einem Ablegerkasten sitzt, sollte er rechtzeitig in eine Zarge umgesetzt und mit Waben erweitert werden.

**Benötigtes Material:** eine Zarge, ein Boden, ein Deckel, eine Folie, Mittelwände und ausgeschleuderte/ausgebaute Waben, Futtergeschirr (Futtereinrichtung)

### Arbeitsschritte

1. Stellen Sie den Ablegerkasten zur Seite und setzen Sie die größere Beute auf den Standort.
2. Setzen Sie die Waben in gleicher Reihenfolge in die neue Beute und geben Sie Mittelwände und ausgebaute Waben im Wechsel. Eine kontinuierliche Fütterung (während einer Massentracht nicht nötig) fördert die weitere Entwicklung des Ablegers. Eine intensive Betreuung der Ableger wird sich in der Entwicklung positiv widerspiegeln. Schauen Sie häufiger nach dem Rechten.

### VORSICHT VARROAMILBE

Bedenken Sie, dass der Ableger evtl. viele Varroamilben enthält. Empfehlenswert ist das Sprühen von Milchsäure (siehe S. 160), am besten nach Schlupf der alten Brut und vor dem Verdeckeln der ersten Brut der neuen Königin und bei weiteren Kontrollen und den Erweiterungsschritten des Ablegers. Möglich ist aber auch mit Beginn des neuen Brutnestes, Ameisensäure anzuwenden – hier sind die Nebenwirkungen jedoch stärker für die Bienen! Wegen der Behandlung ist eine Honigernte im Ableger erst im nächsten Jahr möglich.

## KÖNIGIN-ABLEGER

Man kann den Schwarmtrieb völlig bremsen und die Königin sicherstellen – weil man sie noch weiter behalten möchte.

**Benötigtes Material:** Ablegerkasten, Mittelwände, Futter-/Honigwabe

### Arbeitsschritte

1. Sie entnehmen die Königin samt einer Brutwabe (schlüpfende Brut), einer Futter-/Honigwabe sowie 1 – 2 Mittelwände, die links und rechts von den beiden Waben stehen. Die entstandene

*Königinnen-Ableger: Die Königin wird samt Wabe und (genug) Bienen aus dem Wirtschaftsvolk entnommen.*

Lücke im Wirtschaftsvolk ergänzen Sie durch Zugabe von Mittelwänden, die Sie ans Brutnest stellen.

2. Im Wirtschaftsvolk wird eine neue Königin nachgezogen. Brechen Sie hier alle Weiselzellen – bis auf eine. Wenn die neue Königin in Eilage gegangen ist, müssen Sie sich entscheiden: Behalten Sie die junge Königin oder geben Sie die alte zurück in das Volk. Eine von beiden muss abgedrückt oder kann an andere Imker/Völker weitergegeben werden.

## 2 x 9-TAGE-METHODE

*(nach Golz)*

Die Grundlage für dieses Verfahren ist ein Königin-Ableger, den Sie z. B. aus einem Volk mit starkem Schwarmtrieb bilden. Die weisellose Phase des Wirtschaftsvolkes wird jedoch nach 9 Tagen verlängert. Am Tag 18 müssen Sie sich entscheiden, wie es weitergeht (siehe Tabelle). Nur in ungünstigen Fällen führt das Verfahren zu weniger Honigertrag.

## BILDUNG EINES FLUGLINGS

Zur wirkungsvollen Unterbrechung des Schwarmtriebes bilden einige Imker einen „Flugling" – hier eine kurze Beschreibung: Stellt man an einem Flugtag das Bienenvolk mehr als 3 – 4 m zur Seite, dann landen die Flugbienen an der alten Stelle. Hier stellt man am besten den alten Boden, eine Zarge mit 1 offenen Brutwabe, 1 Honigwabe sowie die übrigen Waben mit Mittelwänden. Das „Altvolk" (der „Brutling" mit der Königin) bekommt einen neuen Boden – es „verliert" seine Flugbienen, weil diese zum alten Standort zum Flugling fliegen. Der Schwarmtrieb im Brutling erlischt (kontrollieren). Der Flugling wird emsig Tracht sammeln, Mittelwände ausbauen und an der offenen Brut Weiselzellen nachziehen.
Dieses Verfahren kann (leicht modifiziert, z. B. Flugling mit Königin bilden) im Sommer auch zur Varroabekämpfung angewendet werden, da die meisten Milben im Brutling sind (behandeln) – dieses Verfahren ist jedoch nicht einfach (Fortgeschrittene).

## ☞ 2 x 9-TAGE-METHODE ARBEITSSCHRITTE

| TAG 0 | TAG 9 | TAG 18 | AB TAG 30 |
|---|---|---|---|
| — Königin rausnehmen (KöniginAbleger, oder Abdrücken)<br>— Schwarmkontrolle: alle Weiselzellen brechen | — Alle Weiselzellen brechen und eine Eiwabe vom besten Volk (ruhig, vital und sammelfreudig) geben; diese Wabe auf dem Oberträger markieren – leichteres Auffinden! | Kontrolle der ehemaligen Eiwabe:<br>— 1 Weiselzelle belassen, Rest brechen: für die neue Königin<br>oder<br>— alle Weiselzellen brechen und die alte Königin mit Waben zurück ins Volk geben. | — Schlupf der Königin bis zum Tag 27<br>— nach sieben Tagen (ca. Tag 34) Begattungsflug und Beginn der Eiablage |

*Kunstschwarmbildung: Abfegen der Bienen (hier mit Abkehrmaschine).*

*Umfüllen der Bienen in den Kunstschwarmkasten mit gekäfigter Königin.*

## KUNSTSCHWARM (FEGLING)

Dieses Verfahren ist etwas für fortgeschrittene Anfänger.

Die Bildung eines Kunstschwarms kann man gut mit der Honigernte kombinieren. Die von den Honigwaben abgefegten Bienen eines oder mehrerer Völker füllt man in eine (Kunst-)Schwarmkiste – im Mai/Juni 1,5 kg Bienen, im Juli 2,0–2,5 kg (Waage!). Dazu hängt man eine (junge, begattete) Königin im verschlossenen Käfig ein. Nach einer Nacht Kellerhaft, in der es unbedingt etwas Futterteig gibt, logiert man den Kunstschwarm wie einen Schwarm auf Mittelwänden ein – er bekommt ab sofort Flüssigfutter, da er keine eigenen Reserven hat. Die Aufstellung unbedingt 3 km vom „Bildungsort" entfernt vornehmen. Die Königin wird im Käfig mit Futterteig in der Ausfressöffnung zwischen Waben gehängt.

☞ *Bei der Bildung des Kunstschwarms und der Kellerhaft Wasser auf die Bienen sprühen! Das Volk, das die Bienen für den Kunstschwarm „gespendet" hat, wurde geschröpft – seine Entwicklung verläuft ab sofort langsamer.*

# FÜTTERUNG VON BIENEN

## — *Ersatz für Honig*

# WARUM MAN BIENENVÖLKER FÜTTERT

Imker füttern in vielen Ländern Europas ihre Völker mit Zuckerwasser als Ersatz für den zuvor geernteten Honig, der die natürliche Nahrungsgrundlage (auch) als Winterfuttervorrat darstellt. Damit die Bienen das Futter bearbeiten und in die Waben einlagern können, wird das Winterfutter bereits im (Spät-)Sommer nach der letzten Schleuderung gefüttert.
Ableger, Begattungs- und Schaukästen müssen zum Überleben und zur Förderung der Entwicklung häufiger gefüttert werden – ein Einsparen von Sammelflügen. Ein kleiner, kontinuierlicher Futterstrom, besonders in trachtarmen Zeiten, steigert die Versorgung der Larven mit Futtersaft und fördert den Bau- und Putztrieb.
Während ein Schwarm unbeschadet einige wenige Tage hungern kann, nehmen Völker mit Brut hierdurch sehr schnell Schaden. Brutkannibalismus – das Aussaugen jüngerer und später auch älterer Larven – ist in diesem Fall nur ein Notverhalten der Bienen, um zu überleben. Gerade bei schlecht betreuten (Außen-)Ständen können Bienenvölker schnell verhungern. Dieses Massensterben ist völlig unnütz und sollte rechtzeitig durch eine Notfütterung oder durch das Zuhängen von Futterwaben vermieden werden.

## MÖGLICHE ZUCKERSORTEN

Bienenfutter besteht aus Zucker, der in flüssiger Form, als Sirup (speziell für Bienen) oder als Futterteig verfüttert wird. Sie können das Futter z. T. selbst herstellen oder im Imkerbedarfshandel kaufen.
Von der Ohe und Dustmann (1997; Bieneninstitut Celle) benennen Grundvoraussetzungen für Bienenfutter (leicht modifiziert):

*Bienen lecken ausgetretenen Honig auf – nach Abheben der oberen Zarge.*

*Anrühren von Zuckerwasser – klebrig!*

*Block-Futterteig – direkt über das Loch in der Folie setzen.*

— Geeignete Zucker sind Saccharose (andere Namen Haushalts-, Rohr- bzw. Rübenzucker), Fructose (Fruchtzucker) und Glucose (Traubenzucker). Weitere Zucker als die drei genannten sollten möglichst nicht, bzw. nur in sehr kleinen Mengen im Futter vorhanden sein.

— Der Gehalt an Glucose darf nicht zu hoch sein, da sonst die Gefahr besteht, dass das Futter in den Waben auskristallisiert und für die Bienen nicht mehr verfügbar ist. Aus diesem Grund ist auch Rapshonig (hoher Anteil Glucose) sowie Honig mit einem hohen Gehalt an Melezitose (Lärchenzucker; „Zementhonig") als Winterfutter ungeeignet.

— Hydroxymethylfurfural (HMF) ist für Bienen giftig und reduziert die Lebenserwartung der (Winter-)Bienen. Es entsteht aus Fructose vor allem durch Einwirkung von Wärme (!) und Säure.

— Der Gehalt an Mineralstoffen, bzw. Ballaststoffen (z. B. Oligosaccharide) muss möglichst niedrig sein, damit der Darm der Biene nicht belastet wird. Ist der Gehalt zu hoch, können die Bienen den Kot nicht mehr in der Kotblase halten und es kommt zu ruhrähnlichen Erscheinungen. Aus diesem Grund sind Honigtau- und Heidehonig für die Überwinterung ungeeignet.

— Der Wassergehalt darf nicht zu hoch sein, da das Futter sonst verderben kann (Gärung).

## ZUCKERWASSER, FUTTERSIRUP UND FUTTERTEIG

Bienenfutter gibt es in zwei „Zuständen", flüssigen „Zuckersirup" Zuckerwasser (aus Haushaltszucker selbst angerührt), Futtersirup (kommerziell hergestellt) und festen Futterteig (meist kommerziell hergestellt). Je nach Situation im Bienenvolk werden diese Futtersorten eingesetzt – andere Futter mit Pollen oder angeblichen Pollenersatzstoffen sollten Sie wegen fragwürdiger Wirkung oder auch Seuchengefahr nie verwenden (siehe Tabelle).

### Zuckerwasser

Einfache und preisgünstige Selbstherstellung aus Haushaltszucker (Saccharose) im Mischungsverhältnis 1:1 (Zucker : Wasser) zur Förderung des Bautriebs im Frühjahr/Sommer oder 3 : 2 für die Wintereinfütterung. Bei der Verdünnung 3 : 2 erhält man eine 60 %ige Zuckerlösung, die von den Bienen relativ gut aufgenommen wird. Wegen HMF-Bildung nur handwarmes Wasser verwenden! Dieses Futter ist jedoch prinzipiell anfällig für die Entwicklung von Schleimpilzen, sodass eine zügige Verfütterung notwendig ist – trotzdem hat es sich über Jahrzehnte bewährt. Ein Holzstab oder Rührer – vgl. Rührgeräte für Honig – hilft beim Auflösen des Zuckers. Die Anfertigung macht jedoch mehr Arbeit als „Fertigfutter" aus dem Imkereibedarfshandel. Je nach Größe der Imkerei und der benötigten Futtermengen sind Transportbehälter nötig, um das Futter zum Bienenstand zu bringen.

# ☞ BIENENFUTTER WANN WIRD WAS VERWENDET?

| BIENENFUTTER/ BIENENVOLK | **FUTTERSIRUP** KOMMERZIELL HERGESTELLT | **ZUCKERWASSER (1:1)** ZUCKER : WASSER | **ZUCKERWASSER (3:2)** ZUCKER : WASSER | **FUTTERTEIG** KOMMERZIELL HERGESTELLT |
|---|---|---|---|---|
| **Wirtschaftsvolk Notfütterung im Frühjahr/Sommer** (Trachtlücke, Schlechtwetterperiode) | Nein: Die Bienen sollen keine Vorräte mit dem Futter bilden, da diese in den Honig gelangen können. | | | ja, kleine Mengen |
| **Wirtschaftsvolk Notfütterung im zeitigen Frühjahr** | ja (**) | nein, zu flüssig | ja (**) | nein |
| **Wintereinfütterung** (Wirtschaftsvolk und Ableger) | ja | nein, zu flüssig | ja | ja (*) |
| **Ableger** | ja | nein, zu flüssig | ja | ja (*) |
| **(Kunst-)Schwarm in Kellerhaft** | nein | nein | nein | ja |
| **(Kunst-)Schwarm in der Bauphase** | ja (***) | ja – fördert das Bauen | ja (***) | nein |
| **Königinnenkäfig** | nein | nein | nein | ja (****) |

(*) Nicht bei Temperaturen < 14 °C, wird dann schlecht abgenommen.
(**) Besser sind volle Futterwaben; Flüssigfutter ansonsten direkt an den Bienensitz stellen (optimal ist Sirup).
(***) Prinzipiell möglich, wenn auch nicht optimal.
(****) Es gibt auch einen speziellen Königinnenfutterteig – für Käfige und Begattungskästchen; man kann aber auch den Futterteig für die Wintereinfütterung verwenden.

*Kein Futter verschütten (Räuberei!) – Biene und Hummel schlecken friedlich.*

### Futtersirup

Im Handel erhältlicher Futtersirup speziell für Bienen besteht im optimalen Fall aus Fructose, Glucose und Saccharose. Dieses Gemisch wird von den Bienen besser aufgenommen als nur aus Saccharose bestehender Sirup. Ferner besteht bei dieser Zusammensetzung die Möglichkeit, den Wasseranteil auf 27,5 % zu reduzieren (Zuckeranteil = Trockensubstanz 72,5 %), ohne dass die Bienen Probleme bei der Aufnahme bekommen. Dieser höher konzentrierte Sirup ist besser konserviert, die Gefahr des Verderbens wird verringert. Zusätzlich nimmt man den Bienen Arbeit beim Trocknen des Futters ab. Für die späte Einfütterung (besonders nach Spättracht) ist dies sehr hilfreich.

**FUTTERTEIG**

Futterteig kann entweder direkt auf die Waben, in eine Leerzarge oder in einem Futtertrog mit freiem Zugang für die Bienen gelegt werden. Je größer die offene Fläche ist, desto schneller trocknet das Futter aus und ist für die Bienen unerreichbar – deshalb ringsherum mit Folie abdecken.

### Futterteig

Der Zuckerteig wird vornehmlich für die Fütterung von Ablegern sowie für die frühzeitige Winterauffütterung bis ca. Anfang September verwendet. Der Hauptbestandteil ist Saccharose (Basis Puderzucker). Der Wassergehalt ist sehr niedrig (ca. 10 %), sodass der Teig zum schnellen Festwerden neigt: Er darf während der Fütterung nicht austrocknen und hart werden (Folie verwenden!).

## ZEITPUNKT FÜR DIE FÜTTERUNG

Ablegern kann man den Aufwand für das Sammeln von Nektar „ersparen" – ein guter Zeitpunkt ist der Beginn der Eiablage: Das Volk ist dann weiselrichtig und die Bruttätigkeit erhöht den Futterbedarf. In einer Massentracht (z. B. Raps) können sich Ableger auch ohne Fütterung gut entwickeln (außer bei Schlechtwetter). Bewährt haben sich regelmäßig verfütterte, kleine Futtermengen oder Futterteig zum Erhalt eines kontinuierlichen Futterstroms über den Zeitraum Mai bis zur Wintereinfütterung.

Wirtschaftsvölker werden im Zeitraum April bis ca. Mitte Juli nur in Notfällen gefüttert. Die eigentliche Winterauffütterung findet nach der letzten Honigernte statt. Dieser Zeitpunkt variiert – ab ca. Ende Juli/Anfang

August, bei der Nutzung einer Spättracht (Honigtau in Tannen, Heidehonig) später im Bienenjahr. Die Wintereinfütterung wird mit der Varroabekämpfung kombiniert (siehe S. 157 f.).

Ab Juli steigt die Gefahr von Räuberei, sodass möglichst abends nach Beendigung des Flugbetriebs gefüttert wird.

Es gibt die unterschiedlichsten Methoden zur Wintereinfütterung, sowohl ausschließlich mit Flüssigfutter oder mit Futterteig, als auch eine Kombination aus beidem: die kontinuierliche Fütterung kleiner Mengen Flüssigfutter von jeweils wenigen Litern als auch die zweimalige Gabe von 10 – 12 l Sirup. Entscheidend ist, dass die Bienen trotz des Futterstroms noch genügend Platz zum Brüten haben – da Futterteig mehr Arbeit für die Bienen bedeutet und deshalb langsamer bearbeitet wird, „verstopft" das Futter seltener das Brutnest. Aber: Bei niedrigen Temperaturen wird Futterteig schlechter abgenommen. Die Futterabnahme regelmäßig kontrollieren!

## GERÄTE ZUR FÜTTERUNG

Es wird immer im Bienenvolk gefüttert – Außenfütterung, d. h. Aufstellung von Futterbehältern außerhalb von Beuten ist verboten (Räuberei). Das Futter wird in der Bienenbeute, meist von oben in einer Leerzarge mit einem Futterbehälter (z. B. Eimer, Kanister) oder im speziellen Futtertrog angeboten. Ein hoher Beutenboden erlaubt ebenfalls das Füttern von unten. Im Handel wird eine Vielzahl von Geräten angeboten – Sie können aber auch bestehende Behälter umwandeln. Futtersirup wird in Behältern (Cubitainer) mit einem Steigrohr, in Eimern mit Futterdeckel und auch lose abgegeben.

### ASPEKTE BEI DER FLÜSSIGFÜTTERUNG

Die Bienen dürfen nicht in das Flüssigfutter fallen, sie würden ertrinken und verkleben. Schwimmer z. B. aus Stroh, Korken, Holz

*Stopp der Ameisensäureanwendung zur Fütterung.*

*Befüllen des Futtertrogs mit Sirup – bienenfreies Arbeiten.*

verhindern dies in offenen, aufrecht stehenden Futterbehältern wie z. B. Eimer oder aufgeschnittenen Tetrapacks (Ableger). Das Füttern mit dem kopfüber stehenden Eimer ist seltener geworden: hier verhindern ein Deckelsieb und das entstehende Vakuum ein Auslaufen des Futters. Dieses Prinzip funktioniert auch beim Schraubdeckelglas mit Löchern im Deckel, das man über ein Spundloch im Deckel oder in der Folie stellt. Die Löcher werden mit einem Nagel gestanzt (Durchmesser ca. 1 – 2 mm).

*Futterkanister mit Steigrohr – zur Futteraufnahme und verhindert Ertrinken.*

*Futterbehälter mit Stroh (bei Schimmel austauschen) als Schwimmer.*

Spezielle Futterbehälter wie z. B. Futtertröge, Futterkanister, Futtertaschen oder andere Behälter können auch mit Steigrohr, gelochten Blechen, Maschendraht oder Ähnlichem ausgerüstet sein. Diese Konstruktionen geben den Bienen Halt und verhindern das Ertrinken.

### Gefahr von Räuberei

— Lassen Sie nie Futter oder Futterwaben in der Nähe der Bienen stehen – immer bienendicht lagern! Besonders im (Spät-) Sommer müssen Sie Räuberei vermeiden.

— Verwenden Sie als geeignetes Futter nur reinen Haushaltszucker oder spezielles Bienenfutter. Abweichende „Billiglösungen" können bei Unverträglichkeit teuer werden!

— Nach Abschluss der Fütterung sollten Sie das Futtergeschirr (Eimer/Futtertasche usw.) mit heißem Wasser reinigen, insbesondere wenn das Futter von einem Schleimpilz verdorben ist.

## PRINZIP DER FÜTTERUNG MIT FUTTERSIRUP

1. Geben Sie Rauch auf die Bienen in der obersten Zarge.
2. Setzen Sie eine Leerzarge auf.
3. Stellen Sie den bereits gefüllten Behälter in die Leerzarge. Spätestens jetzt muss der Schwimmer installiert werden.
4. Verschließen Sie die Beute anschließend mit dem Deckel.

### Alternativen

— Futtertröge werden direkt auf die obere Zarge gesetzt.

— Futterkanister kann man problemlos transportieren – nach dem Abstellen in eine Leerzarge (oder in den freien Beutenraum) wird der Verschluss gegen ein Steigrohr ausgetauscht.

— Futtertaschen werden an den Sitz der Bienen gestellt (Flüssigfutter: Befüllen z. B. mit einem Messbecher).

*Befüllen der Futtertasche mit Futtersirup aus Kanister.*

*Umgestülpter Futtereimer mit Löchern im Deckel in einer Leerzarge.*

## FUTTERMENGE

Einzargige Völker können wegen der geringen Wabenzahl nur rund 12 kg Futter einlagern (2 kg je volle Normalmaß-Wabe). Im Frühjahr kann das Futter daher knapp werden, sodass evtl. einige leere Futterwaben gegen volle ausgetauscht werden müssen. Sie können je nach Länge der Brutperiode im Spätsommer bis ca. 15 kg auffüttern. Spätbrütende Völker erhalten Ende September/Anfang Oktober notfalls noch eine Portion Futtersirup. Zweizargige Völker lagern je nach Wabenzahl 15 – 24 kg Futter ein. Auch hier kann es durch Brutaktivität zum Verzehr des Futters vor Herbstbeginn kommen (nachfüttern!).

☞ *Berechnung der Futtermenge: Für 2 kg Futter in einer Wabe muss die gleiche Menge an Trockensubstanz Zucker verfüttert werden. Kühle (Spät-)Sommerwochen können zum unerwartet hohen Futterverbrauch der Völker führen – trotz Fütterung werden keine/wenig Vorräte angelegt!*

### BESTIMMUNG DER FUTTERMENGE

Die Futtermenge im Volk wird durch Zählen der Futterwaben oder Wiegen der Völker bestimmt. Hierfür werden unterschiedliche Typen von Waagen angeboten – häufig Federwaagen. Diese werden zum Wiegen der linken und rechten Beutenseite genutzt. Man kann auch ein komplettes Volk auf einer Waage über das ganze Jahr stehen lassen. Dieses „Wiegevolk" gibt zudem Auskunft über den Futterverzehr (Gewichtsabnahme) oder die hereinkommende Tracht (Zunahme). Das „Leergewicht" eines Volkes ist vom Beutentyp und -material abhängig. Die Beute mit Leerwaben vorab wiegen. Für die Bienen kann man max. 1 kg Gewicht veranschlagen.

☞ *Je mehr Honig in den Völker verbleibt – nicht geschleudert wird – desto weniger Winterfutter benötigt man. Auf Zementhonig (siehe S. 106) sollten Bienen nicht überwintern, da sie dieses Futter nicht auflösen können. Eine Spättracht wie z. B. Senf sorgt für Futtervorrat, den man (vorsichtig) einsparen kann.*

# HONIG- & WACHS-GEWINNUNG

## — *Die Ernte des Imkers*

# RUND UM DEN HONIG

Honig ist ein Lebensmittel, das nicht nur nahrhaft, sondern auch genießbar sein sollte. Der Imker darf den Honig z. B. auch unreif selbst verzehren, doch bereits verschenkter Honig muss genauso wie verkaufter die gesetzlichen Anforderungen des Lebensmittelrechtes erfüllen. Die wichtigsten Anforderungen werden intensiv im „Honigkurs" der Bieneninstitute und Imkerverbände vermittelt. Die erfolgreiche Teilnahme ist eine Voraussetzung, um als Mitglied eines Verbandes (wie z. B. des Deutschen Imkerbundes) dessen Gewährstreifen und Honiggläser benutzen zu dürfen.

## ANFORDERUNGEN AN DEN HONIG

— Honig muss völlig unbehandelt – „naturbelassen" – sein.
— Der Wassergehalt sollte im Allgemeinen nicht mehr als 20 % (beim DIB liegt die Grenze bei 18 %) betragen. Bei höherem Wassergehalt besteht die Gefahr, dass der Honig in Gärung übergeht.
— Verunreinigungen des Honigs (Wachs- und Insektenteilchen usw.) verhindern Sie, indem der Honig nach dem Verlassen der Schleuder durchgesiebt wird.

*Leckerer, flüssiger Honig: Wabenhonig (rechts) und in Gläsern (links).*

*Frisch geschleuderter Honig läuft aus der Schleuder durch Siebe.*

- Der Honig soll gleichmäßig und fein kandieren. Daher muss er nach der Schleuderung regelmäßig gerührt werden.
- Honig darf nur in saubere Honiggläser oder Honigeimer gefüllt werden.
- Honig muss unter geeigneten hygienischen Bedingungen gewonnen werden (siehe S. 129).

## QUALITÄTSKONTROLLE

Die in der Auflistung genannten Parameter können bei einer Honiguntersuchung (Lebensmittelüberwachung oder Bieneninstitut) u. a. zur Qualitätsbestimmung – auch auf freiwilliger Basis – untersucht werden. Die botanische Herkunft (Sortenhonig) wird über Pollenanalyse (mikroskopisch), sensorisch sowie chemisch-physikalische Parameter, ermittelt.
Ein Honig mit Sortenangabe (z. B. Raps-, Heide- oder Sommerhonig) muss überwiegend (mind. 60 %) aus der angegebenen Tracht stammen. Bei regionalen Angaben (z. B. Honig aus der Lüneburger Heide) muss der Honig ausschließlich (100 %) aus der Region stammen.

## VERBOTE RUND UM DEN HONIG

- Jeder Imker sollte bestrebt sein, die hier genannten Anforderungen zu erfüllen. Halten Sie sich unbedingt an diese Auflagen, damit Ihr Honig nicht von der Lebensmittelüberwachung bei einer unangekündigten Kontrolle beanstandet werden kann (Rechtliches, siehe S. 130 f.).
- Zusätze von irgendwelchen Stoffen (Farb- und Süßstoffe etc.) sind nicht erlaubt, wenn das Produkt noch „Honig“ sein soll. Die Mischung von Honig mit Zimtstangen darf nicht mehr „Honig“ genannt werden.
- Dem Honig dürfen keine eigenen Bestandteile entzogen werden.
- Erwärmung des Honigs (z. B. beim Verflüssigen kandierten Honigs) ist nur bis max. 40 °C zulässig; höhere Temperaturen zerstören den Honig.
- Verunreinigungen mit Staub, Rost, Bienen oder Bienenbrut, Haaren usw. sind unbedingt zu vermeiden. Kontrollieren Sie kritisch Ihre Ausrüstung – defekte Gerätschaften austauschen!

# ZUSAMMENSETZUNG DES HONIGS
## CHEMISCH-PYSIKALISCHE MERKMALE

| ZUCKERGEHALT | |
|---|---|
| Fructose- und Glucosegehalt (Summe) Blütenhonig | mind. 60 g/100 g |
| Honigtauhonig, allein oder in Mischung mit Blütenhonig | mind. 45 g/100 g |
| **SACCHAROSEGEHALT** | |
| Im Allgemeinen | max. 5 g/100 g |
| Honig von Robinie (Robinia pseudoacacia),<br>Luzerne (Medicago sativa, Banksia menziesii), Süßklee (Hedysarum) | max. 10 g/100 g |
| **WASSERGEHALT** | |
| Im Allgemeinen | max. 20 % |
| Honig von Heidekraut (Calluna) und Backhonig | max. 23 % |
| **GEHALT AN WASSERUNLÖSLICHEN STOFFEN** | |
| Im Allgemeinen | max. 0,1 g/100 g |
| Presshonig | max. 0,5 g/100 g |
| **ELEKTRISCHE LEITFÄHIGKEIT** | |
| Nachstehend nicht aufgeführte Honigarten und Mischungen<br>dieser Honigarten (Linde, Erika) | max. 0,8 mS/cm Ω |
| Honigtauhonig und Kastanienhonig sowie Mischungen dieser<br>Honigarten, mit Ausnahme der nachstehend aufgeführten Honigarten | mind. 0,8 mS/cm Ω |
| **GEHALT AN FREIEN SÄUREN** | |
| Im Allgemeinen | max. 50 Milliäquivalente Säure /kg |
| Backhonig | max. 80 Milliäquivalente Säure /kg |
| **DIASTASEZAHL UND HYDROZZMETHYLFURFURALGEHALT (HMF)**<br>BESTIMMT NACH BEHANDLUNG UND MISCHUNG | |
| a) Diastasezahl (Schade-Skala):<br>Im Allgemeinen mit Ausnahme von Backhonig<br>Honig mind. 8 Arten mit einem geringen natürlichen Enzymgehalt<br>(z. B. Zitrushonig) und einem HMF-Gehalt von mind. 3 | max. 50 Milliäquivalente Säure /kg |
| b) HMF<br>Im Allgemeinen, mit Ausnahme von Backhonig<br>Honig mit angegebenem Ursprung in Regionen mit tropischem Klima<br>und Mischungen solcher Honigarten | max. 40 mg/kg<br><br>max. 80 mg/kg |

*Naturprodukt Honig kann unterschiedlichste Farben und Geschmack haben.*

## HONIGARTEN

Je nach Ausgangsstoffen werden folgende Honige unterschieden: Blütenhonig, der von den Bienen überwiegend aus Blütennektar gewonnen wird, und Honigtauhonig, der überwiegend aus anderen Sekreten lebender Pflanzen oder den Sekreten von pflanzensaugenden Insekten stammt. Eine genauere Unterscheidung von Honig nach Sorten kann nur dann getroffen werden, wenn der Honig überwiegend den genannten Blüten oder Honigtauerzeugern entstammt und entsprechende sensorische, physikalisch-chemische und mikroskopische Merkmale aufweist. Die Honigbiene ist zwar blütenstet und nutzt primär die sehr ergiebigen Trachtquellen; zur Gewinnung von Sortenhonigen sind trotzdem noch besondere Kenntnisse des Imkers erforderlich. Wichtige Voraussetzungen sind: Die entsprechende Trachtquelle, z. B. ein blühendes Rapsfeld oder eine Lindenallee, muss ergiebig sein, die Anzahl der Pflanzen muss möglichst groß sein, die richtige Anzahl Bienenvölker muss zum richtigen Zeitpunkt aufgestellt werden, es darf keine zu großen Konkurrenztrachten geben, der Honig muss rechtzeitig vor Beginn der Blütezeit einer anderen Tracht geerntet werden. Bestimmte Sortenhonige können ausschließlich im Ausland produziert werden, da die Pflanzen in Deutschland nicht vorkommen. Zulässig sind außerdem regionale, territoriale oder topografische Angaben, wenn der Honig dies erfüllt.
☞ *Mit Bezeichnungen wie z. B. „Frühjahrstracht", „Frühjahrstracht mit Raps", „Sommertracht" kann man kaum etwas falsch machen.*

## KONSISTENZ DES HONIGS

Honig ist bei der Gewinnung (Schleuderung) immer flüssig, später werden die meisten Honige fest. Ob sie in flüssiger oder fester (kandierter) Form vorliegen, ist von vornherein kein Hinweis auf Qualität. Die Kandierung hängt überwiegend vom natürlichen Fructose-Glucose-Verhältnis ab: Rapshonig kandiert wenige Tage nach der Schleuderung, Akazienhonig fast nie. Eine gleichmäßige,

## ☞ BLÜTEN- UND HONIGTAUHONIGE
KLEINE AUSWAHL

| HONIGSORTE | FARBE | GERUCH, GESCHMACK, KONSISTENZ | BESONDERHEITEN |
|---|---|---|---|
| **Akazienhonig**<br>Blütenhonig | — flüssig: gelb | mildes Aroma | kandiert extrem langsam/fast nie |
| **Heidehonig**<br>Blütenhonig | — flüssig: hell, rotbraun<br>— fest: gelblich, braun | herb, „heideartig“, in flüssigem Zustand gelartig | kandiert fein grobkörnig |
| **Kleehonig**<br>Blütenhonig | — flüssig: hellgelb, hellbraun<br>— fest: weiß bis hell-dunkelgelb | mild aromatisch | kandiert cremig |
| **Lindenhonig**<br>Blütenhonig | — flüssig: hellgelb, braun<br>— fest: weiß, beige, braun (je nach Verhältnis Nektar : Honigtau) | kräftiges, herbes Aroma (medizinisch) Lindenaroma | kandiert |
| **Löwenzahnhonig**<br>Blütenhonig | — flüssig: goldgelb<br>— fest: gelb | intensives Aroma, dickflüssig | kandiert feinkörnig |
| **Rapshonig**<br>Blütenhonig | — flüssig: hellbeige, hellgelb<br>— fest: weiß, gelb | schwach süßlich, dünnflüssig | kandiert sehr schnell und feinkörnig (schmalzartig), cremig oder hart |
| **Tannenhonig**<br>Honigtauhonig | — flüssig: dunkelbraun, leicht grünlich<br>— fest: dunkel | harzig, herb, zähflüssig, grobkörnig | kandiert sehr langsam |
| **Waldhonig**<br>Honigtauhonig | — flüssig: dunkelbraun<br>— fest: dunkel | würzig, herb, zähflüssig, grobkörnig | kandiert langsam |

*Der Honig wird auf das Refraktometer aufgetragen.*

*Refraktometer-Messung des Wassergehalts.*

feinkörnige Kandierung kann durch mechanisches Rühren des Honigs erreicht werden. Beim Übergang von flüssig nach fest verändert der Honig seine Farbe: der Honig wird heller.

☞ *Grobkörnige Kandierung oder mehrere Schichten entstehen, wenn z. B. Honig nicht genügend gerührt wurde oder die Kandierung noch nicht vollständig abgeschlossen ist.*

### ALTERUNG

Die Auftrennung des Honigs in zwei Schichten kann sowohl bei sachgerecht kühler Lagerung nach ca. 1,5 Jahren, als auch bei zu warmer Lagerung schneller auftreten. Dies kann als Hinweis auf Überalterung und damit verbundenen Qualitätsverlust, bzw. auf Übererwärmung gelten – eine Laboruntersuchung (HMF-Gehalt und Enzymaktivität) schafft hier Klarheit. Derartiger Honig ist noch als Backhonig oder für die Met-Herstellung verwendbar.

## GÄRUNG VON HONIG

Honig ist aus Sicht der Lebensmittelüberwachung kein „kritisches" Lebensmittel, da der hohe Zuckergehalt und der niedrige pH-Wert ein ungünstiges Milieu für Fäulniserreger darstellen. Die größte Gefahr ist das Einsetzen der alkoholischen Gärung, die bei zu hohem Wassergehalt auftreten kann, z. B. bei der vorzeitigen Ernte unreifen Honigs.

Zahlreiche Hefearten kommen natürlich in Honig vor. Jedoch können nicht alle Hefearten im Honig aktiv werden. Die Gärung wird durch Wassergehalt, Anzahl der Hefen und Lagertemperatur beeinflusst. Vergorener Honig ist als Speisehonig nicht verkehrsfähig (Backhonig oder Met-Herstellung). Typisch sind der gärige Geruch und die Schaumbildung.

## WANN IST HONIG SCHLEUDERREIF?

Die Faustformel lautet: 10 Tage nach (Massen-)Trachtende ist der Honig schleuderreif! Die Bienen versiegeln in der Regel die honiggefüllten Zellen mit Wachsdeckelchen, wenn der Honig den kritischen Gehalt an Wasser verloren hat und lagerfähig ist. Eine Wabe enthält schleuderreifen Honig, wenn sie etwa zu Dreiviertel oder ganz verdeckelt ist (im Raps nicht immer der Fall).

☞ *Nie während einkommender Tracht schleudern – erst 10 Tage nach Trachtende! Dieser Zeitpunkt ist erreicht, wenn kein frischer, dünnflüssiger Honig mehr eingetragen wird. Falls sich dies nicht vermeiden lässt, nur gänzlich verdeckelte Waben entnehmen und schleudern (Messen mit Refraktometer). Sie brauchen daher die Waben nur zu kontrollieren, ob die Bienen den Honig für haltbar ansehen (Stoßprobe).*

*Schütteln/Stoßen der Wabe – tropft Honig, ist er noch nicht erntereif.*

## STOSSPROBE (SPRITZPROBE)

Honig aus der Spättracht (Spätsommer) wird manchmal von den Bienen sehr langsam oder gar nicht verdeckelt, obwohl der Wassergehalt schon ausreichend gesenkt wurde. Mit der Stoßprobe können Sie feststellen, ob der Honig schleuderreif ist oder nicht.
Halten Sie die Honigwabe waagrecht und versetzen Sie ihr einen Stoß. Der Honig ist schleuderreif, wenn er bei diesem Test nicht aus der Wabe spritzt.
Alternativ können Sie den Wassergehalt an Honig direkt aus der Wabe messen.

# DIE HONIGERNTE

Bevor man den Honig aus den Waben schleudern oder pressen kann, muss man die Honigwaben aus den Bienenvölkern „herausholen". Beste Tageszeit: Morgens früh vor Beginn des Bienenfluges oder abends nach Ende des Bienenfluges hat man gute Bedingungen bei der Ernte. Es fliegen kaum oder keine Bienen hinter den süßlich riechenden Waben her – die Sie möglichst „bienenfrei" zur weiteren Verarbeitung nach Hause bringen möchten. Mit der Wahl der Tageszeit minimieren Sie auch die Gefahr von Räuberei!

☞ *Seien Sie mit Rauch bei der Honigernte sparsam – keine direkten Rauchstöße auf die Honigwaben geben. Honig nimmt den Geruch an. Völlig tabu sind Wassersprüher oder Bienenvertreibungsmittel (Spray usw.).*

Bei allen Erntemethoden benötigen Sie die Grundausrüstung, unbedingt einen Eimer mit Wasser und einen Lappen: zum Wegwischen von Honigspritzern und zum Entkleben der Gerätschaften, evtl. eine (Schub-)Karre zum leichteren Transport der Waben.

☞ *Viele Imker verwenden bei der Ernte gern einen Wabenheber zum Ziehen der vollen Honigwaben – probieren Sie ihn aus.*

Bei den Methoden A und C benötigen Sie eine leere Zarge mit Boden und Deckel für die abgefegten Waben (alternativ: Honigwaben-Transportkästen):

*Die erntereifen Honigwaben sind komplett mit frischem Wachs verdeckelt.*

*Honigernte: Mit dem Besen werden aufsitzende Bienen in die Beute/in einen Sammelbehälter gefegt.*

*Abkehrgerät: Die Wabe wird zwischen Besen „geschwungen", Bienen fallen in den Sammelbehälter.*

*Bienenfreie Honigwabe – jetzt schnell „bienensicher" wegstellen!*

*Geerntete Honigwaben werden in Transportkästen (oder Zargen) verstaut.*

## A) MIT DEM BIENENBESEN

**Weitere benötigte Geräte:** Leerzarge, Boden und Deckel oder Honigtransportkiste

### Arbeitsschritte

1. Ziehen Sie die Honigwabe, kontrollieren Sie die Wabe auf Brutfreiheit und Reife (verdeckelter Honig, ggf. Spritzprobe).
2. Mit dem Bienenbesen (Gänsefeder) fegen Sie die Bienen zurück in die Honigzarge.
3. Stellen Sie die Wabe direkt in die Leerzarge (bienendichte und bienenfreie Wabentransportkiste), verschließen Sie diese unbedingt mit dem Boden und Deckel.
4. Wenn Sie die Honigzarge komplett abfegen können, nehmen Sie die leere Honigzarge ab und fegen auch die Bienen von der Innenwand ab. Die Leerzarge kann beim nächsten Volk zur Aufnahme der geernteten Waben dienen. Falls einige Waben noch nicht schleuderreif sind, verbleiben diese in der Zarge auf dem Volk.

**Nachteil:** Wenn Sie die Bienen von der Honigwabe zurück in die Honigzarge fegen, laufen die abgefegten Bienen teilweise auf die nächsten Honigwaben, einige Bienen werden mehrfach abgefegt und schnell unruhig.

## ABWANDLUNG: HOBBOCK MIT BRETT HALB ABGEDECKT

Diese praktische Alternative verhindert den Nachteil der Methode A.

**Weitere benötigte Geräte:** ein leerer Honig-Hobbock, ein Brett, eine Wassersprühflasche

### Arbeitsschritte

1. Legen Sie ein Holzbrett über einen leeren Hobbock, sodass ungefähr die Hälfte der Öffnung abgedeckt ist.
2. Die aus dem Volk gezogene Honigwabe halten Sie in den Hobbock und fegen dort die Bienen ab. Viele der abgefegten Bienen sammeln sich unter dem Brett.

*Mit der Sackkarre lassen sich die schweren Honigwaben leicht transportieren.*

3. Nach der Ernte sprühen Sie die Bienen im Hobbock und unter dem Brett mit Wasser an.
4. Stoßen Sie den Hobbock auf und kippen Sie die Bienen entweder zurück in die Honigzarge – wenn diese mit Waben auf dem Volk verbleibt. Ansonsten entnehmen Sie das Absperrgitter und stoßen Sie die Bienen in den Brutraum. Mit etwas Rauch treiben Sie die Bienen in den Brutraum. Legen Sie das Absperrgitter, die Folie und den Deckel auf.

**Abwandlung:** Einige Imker stoßen die abgefegten Bienen direkt vor das Flugloch des selben Volkes – man benötigt dann noch ein (Anlauf-)Brett (notfalls das Absperrgitter), damit die Bienen durch das Flugloch in die Beute zurücklaufen können.

*Bienenflucht – über Nacht „bienenfreie" Honigwaben.*

### B) MIT DEM EINSATZ EINER BIENENFLUCHT

Bienenfluchten sind so konstruiert, dass die Bienen nur in eine Richtung laufen können bzw. wollen – es gibt unterschiedliche Bauarten. Man baut sie in einen Zwischenboden oder ein Brett ein, das anstelle des Absperrgitters eingelegt wird. Die Bienen im Honigraum verlieren den Kontakt zum übrigen Volk (unten) und krabbeln durch die Bienenflucht in den darunter liegenden Brutraum.
**Weitere benötigte Geräte:** je Volk ein Zwischenboden mit 1 – 2 Bienenfluchten
**Optimaler Zeitpunkt:** am Tag/Abend vor der eigentlichen Honigernte

#### Arbeitsschritte

1. Setzen Sie den Honigraum mit den schleuderreifen Waben zur Seite. Evtl. tauschen Sie Waben aus, damit der Honigraum voll mit verdeckelten Honigwaben ist. Es dürfen weder Brutwaben noch die Königin im Honigraum sein!
2. Entfernen Sie das Absperrgitter und setzen Sie den Zwischenboden mit Bienenflucht auf den oberen Brutraum. Stellen Sie den Honigraum über die Bienenflucht.
3. Am nächsten Tag sitzen nur wenige Bienen im Honigraum, den Sie nur noch abzunehmen brauchen. Fegen Sie die wenigen Restbienen von den Honigwaben.

**Nachteil:** höherer Zeit- und Fahraufwand, besonders bei entfernteren (Wander-)Bienenständen

### C) MIT EINEM ABFEGEGERÄT

Eine schnelle Ernte ist mit einem Abfegegerät möglich. Je nach Konstruktion hat es feststehende oder rotierende Besen, die die Bienen von den Waben kehren. Die abgekehrten Bienen werden in einem Sammelbehälter aufgefangen und können anschließend zurück in das Volk geschüttet werden. Man kann diese Bienen aber auch direkt zur Bildung von Kunstschwärmen nutzen. Diese Erntemethode bietet sich auch für Beuten an, bei denen sich keine Bienenflucht einbauen lässt (z. B. Golzbeute).
**Weitere benötigte Geräte:** ein Bienenabkehrgerät, eine Wassersprühflasche, unbedingt einen Wabenheber

#### Arbeitsschritte

1. Heben Sie die reifen Honigwaben einzeln aus der Beute – meist ist hier der Wabenheber hilfreich.
2. Ziehen Sie die Waben durch das Abfegegerät, je nach Bautyp ist eine bestimmte Arbeitsrichtung nötig. Die Bienen fallen in den Sammelbehälter.
3. Stellen Sie die abgefegte Wabe direkt in die Leerzarge (Wabentransportkiste).
4. Nach der Ernte der letzten Wabe, feuchten Sie die Bienen im Sammelbehälter des Abfegegerätes mit Wasser an (Sprühflasche).
5. Nehmen Sie das Absperrgitter ab und stoßen Sie die Bienen in den oberen Brutraum – mit Rauch treiben Sie die Bienen an. Verbleibt die Honigzarge mit einigen Waben über dem Absperrgitter auf dem Volk, schüttet man die Bienen in den Leerraum der Honigzarge. Rückgabe der Honigwaben am schnellsten zargenweise, zur Vermeidung von Räuberei nur abends nach Bienenflug.

# GEWINNUNG VON HONIG

**Vorbereitung:** Die Honigwaben transportieren Sie zu Ihrem Schleuderraum, wo die Ausrüstung bereits aufgebaut ist. Neugierige und „hilfsbereite" Helfer sind willkommen – wie Sie merken werden.
**Benötigte Materialien:** Entdecklungsgeschirr, Entdecklungsgabel oder -messer, Honigschleuder, mehrere (Spitz-)Siebe, mehrere Honigeimer (10 l), mehrere Hobbocks, ein Eimerhalter. Möglichkeiten, die Hände und die Geräte zu reinigen (Hygienestandards siehe S. 129).
**Optimaler Zeitpunkt:** Die Honigwaben sollten möglichst warm geschleudert werden, z. B. direkt nach der Entnahme aus den Völkern. Wenn Sie den Raum mit Honigwaben auf 25 °C heizen, können die Waben etwas länger unbearbeitet stehen. Ausgekühlter Honig ist zäh, er lässt sich schwer schleudern und kaum durchsieben; daher sollten Sie keine Honigwaben kühl (über Nacht) zwischenlagern.

## ENTDECKELN DER HONIGWABEN

Der Honig kann aus den verdeckelten Honigzellen erst nach dem Entfernen („Entdeckeln") der Wachsdeckel geschleudert werden. Dies geschieht mit der Entdeckelungsgabel. Legen Sie die Wabe auf das Gestell des Entdeckelungsgeschirrs. Heruntertropfender Honig wird in der Wanne aufgefangen. Setzen Sie die Gabel an der unteren Wabenseite an und schieben Sie die Zinken der Gabel dicht unter den Wachsdeckeln her. Entdeckeln Sie nacheinander beide Wabenseiten. Das zusammengeschobene Entdeckelungswachs kann in der Wanne des Entdeckelungsgeschirrs abtropfen. Das Wachs können Sie später einschmelzen – vorher „abtropfen" lassen oder in einer Spezialtasche in der Schleuder ausschleudern.
Die entdeckelte Wabe wartet auf einem Gestell bis zur Schleuderung, wenn die Schleuder noch in Arbeit ist. Statt mit einer Entdeckelungsgabel können Sie die Zelldeckel auch mit dem Entdeckelungsmesser entfernen.
Nicht unumstritten ist das Entdeckeln mit einem Heißluft-Föhn – ich mag diese Metho-

*Die Entdecklungsgabel von unten nach oben schieben.*

*Entdeckelte Wabe in die Schleuder stellen.*

de nicht, weil dabei viel Wachs spritzt, der Fön sehr laut ist und kein Entdecklungswachs anfällt. Am besten schaut man sich diese Methode zuerst einmal in der Praxis an – angeblich wird der Honig hierdurch nicht wärmegeschädigt.

## SCHLEUDERN DES HONIGS

Schleuderhonig wird durch Schleudern der brutfreien (!) Waben gewonnen, die hierbei nicht oder nur unwesentlich beschädigt werden und daher mehrfach wiederverwendet werden können. Der Schleudervorgang erfolgt auf keinen Fall nach einer Erwärmung der Waben über 20 – 25 °C hinaus, da sonst das Wachs an Festigkeit verliert und die Waben kollabieren. Der Begriff „kalt geschleudert“ ist daher eine Werbung mit Selbstverständlichkeit. Der meiste Honig wird durch Schleuderung gewonnen – selten gepresst (siehe S. 126 f.).

Die entdeckelten Waben werden in die Schleuder gestellt. Bei den häufigsten Schleudertypen, den Tangentialschleudern, sollte das Rähmchenunterteil in Drehrichtung der Schleuder zeigen, dann ist die Stellung der Zellen richtig. Schließen Sie nach Befüllung die Schleuder und kontrollieren Sie, ob der Auslasshahn geöffnet ist. Unter diesem Hahn steht ein Honigeimer, der den Honig auffängt.

Drehen Sie langsam die Kurbel der Schleuder, bis Sie eine mittlere Geschwindigkeit erreicht haben. Bremsen Sie die Waben vorsichtig ab. Erst wenn der Wabenkorb steht (Unfallgefahr!), sollten Sie die Schleuder öffnen und die Waben wenden. Beim Ausschleudern der Wabenrückseite verfahren Sie wie bereits beschrieben; jetzt können Sie die Wabe mit höherer Geschwindigkeit ausschleudern. Wenden Sie die Waben noch (mindestens) einmal.

☞ *Helle Waben sind weniger stabil und zerbrechen leichter bei der Schleuderung. Dies verhindern Sie, indem Sie die Wabe 2-mal vorsichtig mit steigender Geschwindigkeit anschleudern und jeweils wenden.*

Bei kleinen 2-Wabenschleudern sollten im Schleuderkorb die gegenüberliegenden Waben gleich schwer sein, sonst entsteht eine Unwucht, und die Schleuder wird sehr unruhig laufen.

## SIEBEN DES HONIGS

Grobe und feine Wachsteilchen, aber auch z. B. Bienenbeine haben nichts im Honig zu suchen. Deshalb passiert der Honig das Spitzsieb, das über einem Honigeimer oder einem Hobbock steht. Es finden noch Metall-Doppelsiebe Verwendung, die jedoch etwas grobmaschiger sind und eine kleinere Durchlauffläche für den Honig haben (verstopfen schneller). Früher wurde der Honig zusätzlich durch ein Seihtuch passiert (Mehraufwand) – Spitzsiebe sind aus meiner Sicht praktischer! Größere Imkereien verwenden z. B. Siebkästen, die schnell viel Honig sieben können.

## UMFÜLLEN IN DEN HOBBOCK

Der Honigeimer unter der Schleuder wird in den 20 kg (40 kg) fassenden Kunststoff-Hobbock oder in einen Edelstahl-Abfüllbehälter umgefüllt. Der Eimerhalter erleichtert diesen Arbeitsschritt. Stoppen Sie das Befüllen bei mindestens 10 cm unterhalb des Hobbockrandes, denn der Honig muss noch gerührt werden und sollte dabei nicht überlaufen.

## BEENDIGUNG DER SCHLEUDERUNG

Nachdem Sie alle Waben geschleudert haben, lassen Sie die Schleuder leer laufen (schräg stellen). Verschließen Sie die Honiggefäße und lagern diese in einem anderen, trockenen Raum. Jetzt kann man die Gerätschaften wie Schleuder, Entdeckelungsgeschirr, Siebe und den Schleuderraum feucht mit warmem Wasser reinigen.

*Radialschleuder mit Motorantrieb.*

*3-Waben-Tangentialschleuder mit Handkurbel.*

*Hygienisches Arbeiten im Schleuderraum: Entdeckelung (rechts), Schleuderung (hinten links).*

*Honig passiert hier das Metall-Doppelsieb.*

*Das Dreibein hält das Spitzsieb über dem Hobbock.*

*Presshonig läuft aus der Spindelpresse durch das Sieb in den Hobbock.*

## RÜCKGABE DER WABEN

Die ausgeschleuderten Waben setzen Sie zargenweise am Abend nach Beendigung des Bienenfluges auf die Völker auf bzw. geben sie einzeln zurück in nur teilweise geleerte Honigräume. Die Bienen reinigen und reparieren die Waben fast über Nacht. Nach der letzten Schleuderung können die Waben auch honigfeucht eingelagert werden (siehe S. 136).

**Vorteil:** Weniger Räuberei in der trachtarmen Zeit (Juli/August)!

**Nachteil:** Gefahr von Hefen auf den Waben.

### BEHÄLTER AUS EDELSTAHL

Honigbehälter und Honigschleuder sollten Sie nur aus Edelstahl kaufen, da dieser nicht rostet – oder aus „lebensmittelechtem Kunststoff". Alle Geräte und Behälter reinigen und trocken lagern. Decken Sie die Gegenstände mit einer Plastikplane ab (Schutz gegen Staub). Sie können auch mit mehreren Kollegen eine Schleuder benutzen. Mittels Futterkranzprobe (siehe S. 167) schützen Sie sich vor der Amerikanischen Faulbrut.

## ART UND GRÖSSE DER HONIGSCHLEUDER

Im Handel werden die unterschiedlichsten Typen von Honigschleudern angeboten. Sie unterscheiden sich:

- in der Art des Antriebs (Handkurbel oder Motor),
- in der Anzahl der Waben, die der Wabenkorb aufnehmen kann (2 – 40 und mehr),
- in der Stellung der Waben: Tangential-, Radial- oder Radschleuder,
- ob Sie die Waben selbst wenden müssen, oder ob dies automatisch geschieht (Selbstwendeschleuder).

Für eine kleine Imkerei mit maximal 4 Bienenvölkern reicht vielfach eine 3-Waben-Schleuder mit Handkurbel. Bei guter Ernte kann jedoch auch bei wenigen Bienenvölkern das Schleudern mühsam und zeitaufwändig werden. Daher sollten Sie keine zu kleine Schleuder kaufen. Eine 2-Wabenschleuder ist meist zu klein. Von Hand betriebene Schleudern kann man nachträglich mit einem Elektromotor nachrüsten.

### HONIGPRESSE

Dank alternativer Beuten ist sie wieder mehr im Kommen. Beuten wie z. B. Bienenkiste oder Oberträgerbeute führen zu einer Renaissance der Honigpresse. Die abgeschnittenen Waben werden in einem Hobbock zerkleinert und mit einer Suppenkelle in die Presse in den Press-Sack gefüllt. Mit Muskelkraft – Drehen der Spindel – wird der Honig aus den Waben gepresst; Presshonig schmeckt etwas anders/intensiver als Schleuderhonig. Der Gehalt an wasserunlöslichen Stoffen (wie z. B. Pollen) darf maximal 5 x höher sein als bei Schleuderhonig. Das Pressgut kann man einschmelzen – die Waben sind völlig zerstört! Beuten mit Stabilwabenbau oder minimalen Bauvorgaben für den Wabenbau eignen sich sowohl für die Gewinnung von Press- als auch Wabenhonig. Vorzugsweise sollten Pressen mit Edelstahlkorb verwendet werden, diese werden auch als Obst- oder Beerenpresse angeboten.

### WABENHONIG – GANZ OHNE SCHLEUDER ODER PRESSE

Brutfreie Waben, am besten Naturwabenbau ohne Mittelwand (oder nur mit Anfangsstreifen aus Mittelwand) aus hellem Wachs können als Wabenhonig gelagert und komplett mit dem Wachs verzehrt werden. Es werden auch spezielle Holzkassetten oder Stanzgeräte für die Wabenhoniggewinnung in Rähmchen z. B. für Magazinbeuten angeboten. Das Einschweißen in Gefrierbeutel ist eine einfache Art der lebensmittelgerechten Verpackung (ohne Vakuum).

## HONIGPFLEGE

An den beiden ersten Tagen nach der Schleuderung ziehen Sie den Schaum, Luftblasen mit feinen Teilchen, von der Oberfläche des Honigs im Honigkübel ab. Hierzu sollten Sie einen Teigschaber oder einen Löffel verwenden. Sie können den schaumhaltigen Honig essen!

Der Honig kandiert sehr gleichmäßig, wenn Sie die natürlichen Kristallisationskeime gleichmäßig im Honig verteilen. Hierzu rühren Sie kleine Honigmengen mit einem Dreikant-Rührstab oder größere Mengen z. B. mit einer Rührspirale oder einem Honigrührer – im Handel sind unterschiedliche Geräte erhältlich. Frühjahrshonig sollten Sie täglich rühren, denn er kandiert innerhalb von 8 – 14 Tagen. Dunkler Waldhonig kandiert erst 3 – 9 Monate nach der Schleuderung; Sie sollten ihn mindestens einmal in der Woche rühren. Das Rühren des Honigs ist eine eigene „Wissenschaft" – es lohnt sich, verschiedene Imker hierzu zu befragen.

*Abschäumen mit einem Esslöffel (alternativ: Teigschaber verwenden).*

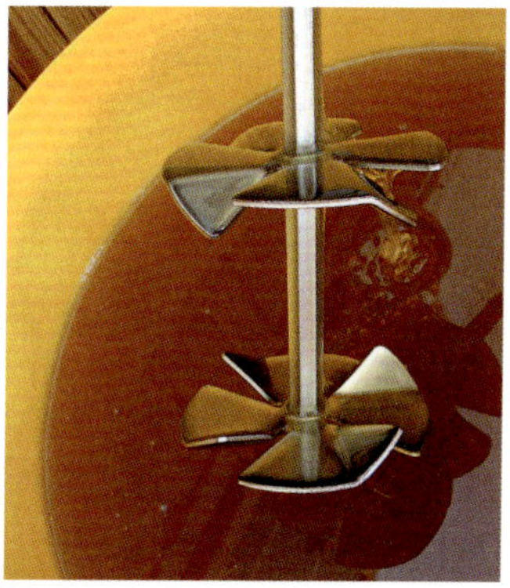

*Honigrührer mit Rührpropeller, z. B. von Akkuschrauber angetrieben.*

*Sehr bekannt: Echter Deutscher Honig im DIB-Glas.*

## ABFÜLLEN DES HONIGS

Für einen cremigen oder festen Honig empfiehlt sich die Abfüllung, wenn der Honig „grieselig", leicht trüb wird. Sie können den Honig von einem Behälter mit einem Quetschhahn direkt in Gläser abfüllen. Das trockene und saubere Honigglas (Spülmaschine) wird auf eine geeichte Waage gestellt und die entsprechende Honigmenge eingefüllt. Für Selbstverzehr ist selbstverständlich keine Waage nötig!
In den Deckel des Honigglases legen Sie die Pappeinlage, die unter mehrere Kunststoffeckchen geklemmt wird – einige Deckel benötigen keine Einlagen. Gläser, Pappeinlagen, Etiketten usw. erhalten Sie im Imkereifachhandel.

### DAS EINHEITSGLAS DES DIB

Das Einheitsglas des DIB, bestehend aus dem Glas selbst, dem Deckel und dem Gewährverschluss, ist eine eingetragene Marke. Nur Mitglieder des Deutschen Imkerbundes dürfen ihren Honig in die Einheitsgläser des DIB abfüllen und mit der Banderole kennzeichnen. Voraussetzung ist jedoch, dass die Anforderungen der staatlichen Honigverordnung und die Güteverordnung des DIB erfüllt werden. Außerdem muss ein „Honigkurs" des DIB z. B. im Imkerverein oder Bieneninstitut absolviert werden. Hierdurch wird sichergestellt, dass der Imker die nötigen Kenntnisse hat.

## VERFLÜSSIGUNG KANDIERTEN HONIGS

Falls Sie Honig nach der Rührphase nicht direkt abfüllen möchten, können Sie ihn luftdicht im verschließbaren Kübel (z. B. Hobbock) kandieren lassen.
**Lagerbedingungen:** Trocken und sauber, Temperatur möglichst < 15 °C.
Zum Verflüssigen stellen Sie den verschlossenen Honigkübel in einen Auftauschrank (Imkerbedarfshandel), der im Prinzip nur aus einem isolierten Kasten besteht, der mit einer sehr schwachen Heizung und Temperatursteuerung ausgestattet ist. Die maximale Temperatur des Honigs darf nicht 40 °C überschreiten, da der Honig sonst geschädigt wird. Füllen Sie den Honig nach dem Auftauen und einmaligen Rühren ab. Überprüfen Sie unbedingt mit einem zusätzlichen Thermometer den Auftauschrank – der Honig sollte keineswegs überhitzt werden.

### ÜBERPRÜFEN DES WASSERGEHALTS

Mit einem Refraktometer (optisches Messgerät) können Sie den Wassergehalt des Honigs bestimmen. In vielen Imkervereinen lässt sich ein solches Gerät vom Verein oder bei Kollegen ausleihen. Honig mit zu viel Wasser gärt schnell, daher für den Eigenverbrauch, fürs Backen oder zur Metproduktion (Honigwein) verwenden.

## LEBENSMITTELHYGIENE

Die Honiggewinnung findet meist nur zweimal im Jahr statt. Von daher ist es akzeptabel, wenn in Kleinimkereien auf separate Herstellungsräume verzichtet wird. Wer einen Schleuderraum einrichten kann, erleichtert sich und den Mitnutzern das zeitaufwändige Umfunktionieren von Küchen-, Waschküchen- oder Trockenkellerräumen.
Als hygienische Grundvoraussetzungen sind folgende Bedingungen unverzichtbar:

1. Vor Arbeitsbeginn sind die Räume und Geräte einer intensiven Grundreinigung zu unterziehen. Erst wenn alles völlig trocken ist, kann mit den Arbeiten begonnen werden (Honig zieht Wasser!)
2. Handwaschmöglichkeiten mit Seifenspender und Einmalhandtüchern sollten vorhanden sein. Besonders in Garten- oder Bienenhäusern empfiehlt sich ein mobiles Handwaschbecken, wenn kein Wasseranschluss vorhanden ist.
3. Keine „Staubfänger" wie z. B. Gardinen oder Bücherregale (abnehmen bzw. mit Folie abdecken)
4. Während der Arbeitsgänge sind Haustiere unbedingt aus den Räumen fernzuhalten.
5. Reinigungsmöglichkeiten für die Gerätschaften müssen vorhanden sein. Gegebenenfalls sind die Geräte an einen Ort zu transportieren, an dem die Reinigung möglich ist. Empfehlenswert ist die Verwendung einer Spülmaschine für kleinere Gerätschaften und Honiggläser. Sperrige Geräte werden mit reichlich heißem Wasser gereinigt.
6. Während des Schleudervorgangs und der Weiterbearbeitung des Honigs sind im Raum (z. B. Küche) keine anderen Tätigkeiten gestattet.
7. Ein baulich guter Zustand der Räumlichkeiten ist gefordert!
8. Ist der Boden nicht leicht zu reinigen, ist er mit einer Folie auszulegen.
9. Der Imker und seine Hilfskräfte sollen saubere Arbeitskleidung und eine Kopfbedeckung tragen. Essen, Trinken und Rauchen sind in den Räumen während des gesamten Arbeitsprozesses untersagt.
10. Wird ein Garten- oder Bienenhaus benutzt, ist es unter den gleichen Gesichtspunkten herzurichten.

### HONIG UND BOTULISMUS

„Seit 1989 ist die Erkrankung an Säuglings-Botulismus durch einen Fall in Brandenburg wieder in die öffentliche Diskussion geraten. Verantwortlich für Botulismus ist ein Bakterium, Clostridium botulinum, das in seinem Stoffwechselgeschehen ein Toxin (Nervengift) bildet, welches zu Lähmungen bis hin zum Tod führen kann. Da das Bakterium überall auftreten kann (Wasser, Boden, Pflanzenmaterial, etc.), könnte es auch von Bienen eingetragen werden und somit in den Honig gelangen. Im Honig kann sich das Bakterium nicht entwickeln (nicht aktiv werden) und auch nicht im Darm von Kindern, Jugendlichen und Erwachsenen. Es ist nur bedenklich bei Säuglingen bis zu zwölf Monaten, da diese noch ein empfindliches Darmsystem haben. Wir empfehlen, Säuglingen unter zwölf Monaten sicherheitshalber keinen Honig zu geben." (von der Ohe 2001, Bieneninstitut Celle)

### LÖSUNGSANSÄTZE FÜR KLEINIMKEREIEN

Besonders Imker mit Stadtwohnungen oder wenigen Völkern sehen eine Chance in der Zusammenarbeit und gemeinsamen Nutzung von Geräten. Folgende Alternativen sollen als Anregung dienen:

- Imker können Arbeitsgemeinschaften bilden, die gemeinsam geeignete Räumlichkeiten nutzen. In diesem Fall könnten kostspielige Großgeräte gemeinsam angeschafft und genutzt werden.
- Gemeinsame Anmietung von geeigneten Räumen (z. B. Schulküchen), ggf. Nutzung von Großgeräten. Einige Imkervereine haben einen voll ausgestatteten Schleuderraum für die Vereinsmitglieder.
- Bei geeigneten Schleuderräumen, aber fehlenden Abfüllmöglichkeiten, kann die Abfüllung in einer Großimkerei oder einem kommerziellen Honigabfüllbetrieb vorgenommen werden.
- Verzicht auf den Honigverkauf in Kleinstimkereien mit 1 – 2 Bienenvölkern, wenn die Hygieneanforderungen nicht annähernd erfüllt werden können (Eigenverzehr des Honigs).

## VERMARKTUNG DES HONIGS

Der größte Teil des selbst produzierten Honigs wird über Haus und Hof, Kollegen, Freunde und Bekannte, also vom Imker in seinem direkten Umfeld verkauft. Erst mit mehr Völkern „müssen" Sie sich mehr Gedanken über die Vermarktung machen.

### HONIGGLAS UND ETIKETT

Die Aufmachung Ihres Produkts – also Glasform und Etikett – ist beim Verkauf fast genauso entscheidend wie das Produkt selbst. Hierzu einige Überlegungen, wie Ihr Honig die Blicke auf sich zieht.

#### Verbandszugehörigkeit

Wenn Sie (in Deutschland; in anderen Ländern gilt Entsprechendes) z. B. Mitglied des Deutschen Imkerbundes (DIB) sind und einen Honiglehrgang des Verbandes absolviert haben, können Sie die sehr bekannten Gläser und Banderolen des Verbandes verwenden.
Der Käufer kauft die Produkte eines Imkers, der einem speziellen Verband (z. B. DIB,

*Einfach und praktisch: Honigverkaufsstand.*

*Verkaufsautomat mit regionalen Produkten.*

*Klotzbeute lockt Honigkunden an.*

Bioverband, ...) angehört, in der Erwartung eines garantierten Standards an Honig-Qualität und teilweise auch wegen der „Verbandsphilosophie".
Die Aufmachung und der Name dieser Verbände sind durch Warensatzungen geschützt – niemand darf sie ohne Erlaubnis benutzen. Der Vorteil des Verkäufers liegt in einem höheren Preis, den er mit diesem Label erzielen kann. Dies bedeutet jedoch, dass jeder Imker die durch Warensatzung geforderten Ansprüche an das Produkt unbedingt erfüllen muss.

## Das Etikett – mehr als eine Verbraucherinformation

Die Angaben auf dem Etikett sind notwendig, um den Kunden ausreichend über das Produkt zu informieren und um den gesetzlichen Anforderungen des Lebensmittelrechts gerecht zu werden (siehe auch „Deutsche Honigverordnung" bzw. die nationalen Bestimmungen im Internet). Es gibt bei den Verbänden, aber auch z. B. im Imkerbedarfshandel Honig-Etiketten. In Imkerbedarfsläden bzw. -versandhandel erhält man auch die „Stegetikette", deren Lasche wie bei der Banderole des DIB-Glases auf dem Deckel befestigt wird. Der Käufer erkennt sofort, ob das Glas bereits geöffnet wurde. Diese Sicherung ist bisher jedoch nicht gesetzlich vorgeschrieben – erweckt aber Vertrauen.

## Gesetzlich vorgeschriebene Angaben

- Der Begriff „Honig", möglich sind auch Varianten wie Blütenhonig, Nektarhonig, Schleuderhonig. Die Bezeichnung „Honig" kann durch Angaben zur Herkunft aus Blüten (z. B. „Rapshonig"), zur regionalen, territorialen, topographischen Herkunft (z. B. „Mecklenburger Honig") oder zu besonderen Qualitätsmerkmalen ergänzt werden.
- Mindesthaltbarkeitsdatum z. B. „Mindestens haltbar bis 31.12.2022".
- Herkunftsland: Deutschland
- Loskennzeichnung (Bezeichnung der Honig-/Schleudercharge) – die Loskennzeichnung kann entfallen, wenn das Mindesthaltbarkeitsdatum Tag/ Monat/Jahr enthält.
- Füllgewicht z. B.: 250 g, 500 g, 1,5 kg
- Name und Anschrift des Imkers oder des Abfüllers

## Freiwillige Angaben

- Zeitpunkt der Schleuderung z. B. „Frühjahrshonig", „Sommerhonig" bzw. „Frühjahrstracht", „Sommertracht"
- Sortenangaben „Rapshonig", „Heidehonig", „Lindenhonig", „Akazienhonig" usw.
- Regionale Angaben wie z. B. „Mecklenburger Honig", „Bremer Honig"

## Eigenes Glas und Etikett

Wer ein eigenes Honigglas auswählen und dazu ein eigenes Etikett verwenden möchte, kann beides frei kombinieren. Es gibt sogar Imkereien, die neben den eigenen Gläsern auch die ihres Verbandes verwenden, um auch die Kunden bedienen zu können, die auf das „alt bewährte Glas" zurückgreifen möchten. Laut einer Untersuchung von Dr. Otten (Mayen) verkaufen in Deutschland die meisten Imker im DIB-Einheitsglas.
Eine gesundheitsbezogene Werbung ist für Lebensmittel verboten , wie z. B. „gegen Erkältung" oder „verstärkt die Abwehrkraft".

*Die linke Wabe kann man „einlagern" – die beiden anderen Waben einschmelzen.*

# RUND UMS WACHS

Wachs war früher besonders wertvoll, denn Bienenwachskerzen gab es nur für besondere Anlässe, z. B. Altarkerzen. Je Wirtschaftsvolk können Sie bei guten Trachtverhältnissen, insbesondere in der Rapstracht, durch Gabe von Mittelwänden in jedem Jahr über 30 % Wabenerneuerung betreiben. Die hellen Waben sind für gesunde Bienen unerlässlich, während dunkle Brutwaben Krankheitserreger tragen können bzw. von Schädlingen wie Wachsmottenlarven geschätzt werden. Folgende Wachssorten fallen in der Imkerei an und können eingeschmolzen werden: Altwaben, Drohnenbau und Entdeckelungswachs.

Das gewonnene Wachs kann im Imkerbedarfsladen gegen eine Bearbeitungsgebühr in fertige Mittelwände eingetauscht werden. Regionale Händler, teilweise auch Behindertenwerkstätten, bieten die Mittelwandherstellung aus dem eigenen Wachs an – dies teilweise auch schon für kleine Wachsmengen. Alternativ können Sie die Mittelwände selbst gießen oder auch Bienenwachskerzen mittels Guss- oder Tauchverfahren herstellen.

## GERÄTE ZUM WABENEINSCHMELZEN

Je nach Größe der Imkerei lohnt sich die Verwendung von Küchengeräten oder die Anschaffung von Wachsschmelzern – hier ist die Gerätevielfalt sehr groß. Folgende Kurzbeschreibung kann Ihnen Denkanstöße geben:

**Waben im Kochtopf:** Altwaben werden mit dem Messer ausgeschnitten oder kommen komplett mit Rähmchen in heißes (ca. 80 °C) Wasser. Mit einer Schöpfkelle wird das flüssige Wachs an der Oberfläche abgeschöpft und durch einen „Filter" (z. B. Damenstrumpfhose, altes Sieb) geschüttet. Anschließend wird der Trester von Hand (Gummihandschuhe mit Fütterung) oder mit einer Spindelpresse gepresst. Der Topf wird ab sofort fürs Kochen weniger geeignet sein!

**Entsafter:** Ausgeschnittene Waben werden mit Wasser im Entsafter verarbeitet. Hierfür besser ein Altgerät verwenden – ansonsten bekommen z. B. Fruchtsäfte einen Beigeschmack! Dieses Verfahren lohnt nur in Kleinimkereien (wenige Völker).

*Wachs tropft aus dem Behälter (Dampferzeuger).*

*Sonnenwachsschmelzer wird mit Waben bestückt.*

**Dampferzeuger:** Man kann einen speziellen Behälter verwenden oder z. B. zwei oder mehr alte Leerzargen mit Boden und Deckel umfunktionieren. In die untere Zarge wird ein Loch für den Schlauch des Dampferzeugers gebohrt. Die untere Zarge wird mit einem Metallabsperrgitter abgedeckt. In die obere Zarge werden die kompletten Rähmchen gehängt oder das ausgeschnittene Wachs direkt über das Absperrgitter gelegt. Der Dampferzeuger wird mit Wasser aufgefüllt und über ein Kabel mit dem Stromnetz verbunden. Der entstehende Dampf schmilzt die Waben, das Wachs läuft aus dem Flugloch in eine Auffangschale. Im Trester verbleiben noch Wachsreste, die ggf. durch Pressung (Wachspresse) gewonnen werden können – nicht jeder Imker betreibt so viel Aufwand.

**Dampfwachsschmelzer:** Im Handel werden Geräte zum Einschmelzen kompletter Rähmchen in unterschiedlichen Größen angeboten. Einige werden direkt an die Wasserleitung angeschlossen. Zum Beheizen wird (Camping-)Gas oder Strom benötigt. Je nach Ausführung ist evtl. auch das Pressen mit einer Spindelpresse möglich. Die Anschaffung lohnt für mehrere Imker, da die „Schmelztermine" individuell gelegt werden können. Edelstahl garantiert ein gelbes Wachs!

**Sonnenwachsschmelzer:** Fertige Geräte für zwei und mehr Waben gibt es im Handel. Die Sonne schmilzt das Wachs aus den kompletten Waben, das dann in einen Sammelbehälter läuft und später aufbereitet (erwärmt und gereinigt) wird. Meist muss man den Schmelzer der Sonne nachführen – ein energiesparendes System. Nachteil: Bei Bewölkung und im Winter völlig wirkungslos.

*Kerze wird aus Mittelwand gerollt – manche Dochte haben eine Richtung.*

## ARBEITSZEITPUNKT

Die meisten Waben werden mit Sonnenwachsschmelzern von April bis Oktober, mit Dampf am besten in der Herbst- und Winterzeit, also ohne „schnüffelnde“ Bienen, eingeschmolzen. Viele Imkerbedarfsläden schmelzen nicht mehr wie früher leere Waben ein, sondern nehmen nur noch Wachsblöcke an! Die Drohnenwaben können bis dahin, außer im Tiefkühlfach (raumgreifend), nicht gelagert werden. Sie sollten direkt oder nach kurzem Tieffrieren eingeschmolzen oder im Restmüll (Müllverbrennung) entsorgt werden.

## GIESSEN EINES WACHSBLOCKS

Das Wachs aus den Schmelzern wird meist im Eimer aufgefangen und dort „unförmig“ fest und ist relativ verschmutzt. Man erhitzt es erneut mit Wasser, gießt es durch ein Sieb oder eine Damenstrumpfhose in eine Form, z. B. in einen leeren Topf oder Eimer. Nach dem Abkühlen, am besten am nächsten Tag, wird der Wachsblock aus der Form gestürzt. Achtung: Es ist noch Wasser im Behälter! Feine Schmutzschichten auf der Blockunterseite lassen sich mit dem Stockmeißel abkratzen.

### GEKAUFTE MITTELWÄNDE ODER EIGENE HERSTELLUNG?

Seitdem bekannt ist, dass das Wachs wie ein Speicher für Rückstände von bestimmten Varroabehandlungsmitteln arbeitet, möchte ein Teil der Imker entweder „rückstandsfreie“ Mittelwände im Handel erstehen oder eigene Mittelwände gießen. Hierfür sollte möglichst das Wachs aus den Drohnenbaurahmen und Entdeckelungswachs verwendet werden. Die Gussformen für Mittelwände mit Anleitung gibt es im Handel bzw. diese Arbeiten sollten vor der Anschaffung in der Praxis(Kurs) erprobt werden. Wer wenig Zeit hat, verwendet eher kommerzielle Mittelwände.

Bevor Sie sich um einen eigenen Wachskreislauf bemühen, sollten Sie klären, welche „Vorgeschichte“ Ihre Waben und Beuten haben. Falls der Verkäufer Ihrer Bienen und Beuten ausschließlich mit organischen Säuren (siehe S. 157) die Varroamilbe bekämpft hat, sind hiervon keine Rückstände im Wachs zu erwarten. Ansonsten hilft nur eine mehrjährige Verdünnung dieser Rückstände durch Bauerneuerung sowie die Reinigung von Zargen und Rähmchen in Ätznatronlauge (siehe S. 150 f.). Wer mit neuen Beuten und (Kunst-)Schwärmen startet, kann „schlimmstenfalls“ über die Bienen sehr geringe Rückstandsmengen im Wachskreislauf haben – diese werden verdünnt.

*Wachsblock: Entfernen von Schmutz mit Stockmeißel.*

*Kerzen aus Bienenwachs.*

*Wabenlager – nur helle Waben aufheben und gegen Wachsmotten schützen.*

## WABENLAGERUNG

Die Verwendung bereits ausgebauter Waben oder – besonders in Ablegern – von Futterwaben erspart den Bienen Arbeit. Werden die Waben nicht fachgerecht gelagert, können sie erheblich Schaden nehmen.

— Die Raupen der Wachsmotte fressen sich durch die Waben, um Pollen- und Kokonreste aufzunehmen. Die Waben werden letztendlich völlig zerstört! Die Wachsmotte ist der Hauptfeind der Waben.
— Räubernde Bienen und andere Insekten zerstören z.T. die Waben – deshalb insektendicht lagern. Hinweis zum „Kleinen Beutenkäfer“ (siehe S. 149).
— Futterreste könnten theoretisch auch Krankheitserreger (z. B. Faulbrutsporen) enthalten!
— Mäuse und andere Schadtiere fressen Waben zur Ernährung oder wohnen in Beuten. Mäuseurin stinkt unappetitlich!

*Wachsmottenraupe (Foto klein) durchzieht Waben (Gespinst) - sie frisst Kokonhüllen und Pollenreste.*

*Große und Kleine Wachsmotten – die Falter legen Eier, die Raupen schädigen Waben.*

## TIPPS ZUR WABENLAGERUNG

— Mittelwände werden von der Wachsmotte nicht zerstört (kein Futter für die Motte).

— Es lohnt nur die Lagerung heller, unbebrüteter Waben (Wabenhygiene und für Wachsmotten weniger attraktiv).

— Honigfeuchte Waben (nach der letzten Schleuderung) sind bei den Wachsmotten-Raupen wenig beliebt, hier treten nur gelegentlich Fressschäden auf.

— Kühl gelagerte Waben sind vor Wachsmotten geschützt (Temperatur < 10 °C). Möglich ist auch das Tieffrieren von Waben für mindestens zwei Wochen.

Ein sicherer Wabenschutz ist das Verdunsten von Essigsäure (alternativ Ameisensäure) im Wabenschrank oder im Zargenturm. Die Zargen werden nur „locker" mit weniger Waben gefüllt und auf einem Brett gestapelt. In die oberste Zarge wird neben Waben auch eine Schüssel mit ca. 100 ml Essig- oder Ameisensäure gestellt. Die Menge muss ausprobiert, die Behandlung nach 4 – 6 Wochen einmal wiederholt werden. Es entweichen beißende Säuredämpfe (Keller lüften). Arbeiten Sie nur mit Handschuhen und Schutzbrille. Die Waben müssen vor der Verwendung mindestens mehrere Tage gelüftet werden. Metallteile werden von der Säure angegriffen und rosten (nicht Nirosta!). Ich tendiere zur Verwendung von Ameisensäure, da diese sowieso vorhanden ist. Ein Vertauschen der Säuren bei der Varroabehandlung wird so komplett vermieden! Je weniger Waben Sie einlagern, desto weniger Ärger haben Sie mit der Wachsmotte! Ständige Wabenerneuerung ist für gesunde Bienen unerlässlich (Wabenhygiene) und reduziert „nebenbei" den Schwarmtrieb!

### NICHT ZU EMPFEHLENDE VERFAHREN

Mottenstyx oder Mottenkugeln enthalten Giftstoffe, die über das Wachs in den Honig gelangen. Nie verwenden!
Ein früher propagiertes Verfahren war das Abschwefeln. Im Wabenschrank wurde in einer Blechdose ein Schwefelstreifen abgebrannt (Hitzeentwicklung, Brandgefahr!). Das entstehende Schwefeldioxid verbindet sich mit der (Luft-)Feuchtigkeit und wird zur schwefligen Säure bzw. Schwefelsäure. Diese Säuren haben einen intensiven Geschmack und prinzipiell nichts im Honig zu suchen! Früher verwendete man auch Walnussblätter als Mottenschutz – wegen möglicher Rückstände ist dies ebenfalls nicht mehr empfehlenswert.

## VERWENDUNG VON WACHS ALS KLEBSTOFF

Flüssiges Wachs wird z. B. zur Befestigung von Mittelwandstreifen an Leisten für Drohnenbaurahmen oder Begattungskästchen verwendet.

**Arbeitsschritte**

1. Geben Sie Wachsreste (hellen Naturbau oder Bruchreste von Mittelwänden) in eine Blechdose, die Sie im Wasserbad (!) erhitzen.
2. Wenn das Wachs völlig geschmolzen ist, können Sie es mit einem Löffel wie Klebstoff verwenden. Wenn das Wachs erkaltet ist, hält es wie eine Schweißnaht die Gegenstände zusammen. Die Dichtigkeit von Futtertrögen oder Futtertaschen für flüssiges Futter erhält man, indem man das Wachs in die Ecke gießt und entlang der Kanten fließen lässt.

☞ *Wachs nie ohne Wasser direkt in einem Topf erhitzen – erhebliche Brandgefahr! Nicht mit Wasser löschen, Brand ersticken (Feuerlöschdecke)! Wegen der Entzündungsgefahr sollten Sie auf einen Gasherd verzichten – verwenden Sie zum Erhitzen des Wasserbads besser eine Elektroplatte.*

*Wabenerneuerung – alte (dunkle) Waben einschmelzen!*

# WANDERN MIT BIENEN

## — *Transport zu den Trachtpflanzen*

# DIE RICHTIGE VORBEREITUNG

Man wandert mit Bienen zwecks Erhöhung des Honigertrages oder zur Überbrückung von längeren Trachtlücken. Der Transport vom Bienenverkäufer zum eigenen Bienenstand fällt auch unter diesen Begriff!

## VORBEREITUNG DER WANDERUNG

Schon einige Monate vor der beabsichtigten Wanderung sollten Sie Folgendes überprüfen bzw. mit einem erfahrenen Imker durchsprechen:

- Liegt der Wanderplatz mindestens 3 – 5 km vom jetzigen Standort entfernt? Bei geringerem Abstand fliegen die Bienen sonst zum ehemaligen Standplatz zurück!
- Bietet der ausgewählte Ort ausreichend Tracht?
- Der Amtstierarzt oder der Gesundheitsobmann kontrolliert Ihre Völker für die Erstellung der Gesundheitsbescheinigung. Liegt ein aktuelles Laborergebnis über die Untersuchung von Futterkranzproben vor? Liegt Ihr Bienenstand – von Ihnen unbemerkt – in einem Faulbrut-Sperrgebiet und unterliegt der Standsperre? Für Wanderungen über die Kreis- oder Stadtgrenze ist eine Gesundheitsbescheinigung erforderlich – fragen Sie beim Obmann für Wanderung (Imkerverein) oder Veterinäramt.
- Fragen Sie den für den Zielort zuständigen Wanderobmann oder Amtstierarzt, ob Einschränkungen für die Wanderung bestehen (Faulbrut-Sperrgebiet, Belegstellenschutz, Zuweisung von Wanderplätzen, siehe S. 141).
- Ist der Grundstücksbesitzer am Wanderort mit der Aufstellung von Bienen einverstanden? (Erlaubnis)
- Wie werden Sie die Bienen und den schleuderreifen Honig transportieren? Bestehen die Anfahrtsmöglichkeiten auch in oder nach einigen Regenschauern?
- Ist der Wanderstand in Ihrer Bienenversicherung inbegriffen? Müssen Sie noch zusätzliche Daten dem Versicherer melden?
- Lohnt sich der (nicht unerhebliche) Aufwand bei den gegebenen Wetterverhältnissen? Was besagt die langfristige Wetterprognose?

*Transport – nur mit bienendichter Beute!*

**PLANUNG SINNVOLL**

Je weiter ein Wanderstand weg liegt, desto seltener sehen die Bienen ihren Imker. Das bedeutet, dass Sie zu den Kontrollen ausreichend Material z. B. Zargen, Waben usw. dabei haben sollten. Bei der Ernte sollten Sie genügend Futter für eine Schlechtwetterperiode in den Völkern belassen!

*Ein Transportkarren und dazu noch die richtige Körperhaltung erleichtern den Bienentransport sehr.*

## VORBEREITUNG DES BIENENVOLKES

Damit die Waben nicht verrutschen und Bienen zerquetschen können, müssen alle Waben mit Abstandshaltern ausgestattet bzw. diese überhaupt vorhanden sein.

**Sicherung der Bienenkästen:** Nicht jede Herstellerfirma versieht die Zargen mit einem Mechanismus, der sie zusammenhält. In diesem Fall sollten Sie jede Beute mit einem Riemen oder Spannungshebelgurt vor dem Auseinanderfallen sichern.

Um Überraschungen zu vermeiden, überprüfen Sie besser die Dichtigkeit der Beute, insbesondere des Beutenbodens. Ansonsten könnte ein Loch schnell als Flugloch genutzt werden.

**Sicherung der Luftversorgung:** Bienen brauchen (besonders an heißen Tagen) eine ausreichende Versorgung mit (kühler) Luft. Bei längeren Transporten sollten Sie den Deckel durch ein Lüftungsgitter ersetzen. Verschiedene Böden sind mit einem Lüftungsgitter ausgestattet – es sollte nicht abgedeckt sein.

Während kurzfristiger Transporte reicht die Luftversorgung durch das weit geöffnete (aber mit einer Gaze abgedeckte) Flugloch aus. Den Luftraum können Sie hierbei auch durch das Aufsetzen einer Leerzarge vergrößern.

**Sicherung der Wasserversorgung:** Bienen und Bienenbrut benötigen neben Luft selbstverständlich auch Wasser. Sprühen Sie daher an warmen Tagen regelmäßig Wasser (rechtzeitig, aber auch nicht übertrieben) mit einem Zerstäuber durch das Lüftungsgitter.

Aufgeregte Bienen können besonders bei Luft- und Wassermangel „verbrausen“: Übermäßiger Flügelschlag führt zu einer Überhitzung der Bienen und des Wachses. Ab 40 °C sacken die neuen, honiggefüllten Waben dann zusammen und die Bienen sterben!

**Tragegeräte:** Bienenkästen – und besonders Zargen mit Honigwaben – haben ein hohes

*Nützlich und gesund: Transport mit Fahrradanhänger.*

Gewicht. Um Ihren Körper zu schonen und Kräfte zu sparen, empfiehlt sich bei einer großen Völkerzahl die Verwendung von Tragegeräten. Im Imkerzubehörhandel und Heimwerkerhandel erhalten Sie die unterschiedlichsten Konstruktionen.

**Transportfahrzeuge:** Je nach Anzahl der Bienenvölker können Sie einen PKW, Kleinbus oder Anhänger verwenden. Falls Sie nicht abschätzen können, wie viel die Kästen wiegen (maximale Zuladung des Fahrzeuges beachten!), sollten Sie das Transportgut vorher abwiegen. Ausgelegte Plane oder Zeitungspapier schützt das Fahrzeug vor Wachsteilchen, auslaufendem Honig oder „Kühlwasser“.

### VERSICHERUNG

Sie können die Bienen auch in der Zeit ihrer Wanderung gegen Frevel, Brand etc. zusätzlich versichern. Nähere Angaben macht Ihnen die Imker-Versicherung.
Gegen Diebstahl schützt auch eine „versteckte“ Lage des Wanderstandes!

### TAGESZEIT FÜR DIE WANDERUNG

Wanderimker sind entweder Frühaufsteher oder verschließen bereits abends die Beuten mit den Lüftungsgittern. Wenn möglich sollte der Transport während der kühlen Tageszeit durchgeführt werden.

### AUFSTELLUNG AM WANDERPLATZ

Es gelten hier die gleichen Kriterien wie auf Seite 30 f. beschrieben. Für einige Wochen können die Bienenkästen ohne Probleme nur auf einer Holzkonstruktion stehen (Arbeitshöhe!). Sorgen Sie möglichst für eine Regenabdeckung (bei Kunststoffbeuten nicht notwendig).
Kennzeichnen Sie unbedingt den Stand mit einem witterungsfesten Schild mit Ihrer Adresse und Telefonnummer. Mit einem Glas Honig können Sie den Grundstückseigentümer oder -pächter überzeugen, ab und zu nach Ihren Bienen zu sehen und Sie bei Notfällen anzurufen.

## RECHTSTELEGRAMM

— Für die Wanderung ist eine Gesundheitsbescheinigung des Veterinäramtes erforderlich (§ 5a Bienenseuchenverordnung).
— Belegstellen und der sie umgebende Schutzbereich dürfen nicht angewandert werden (Länderrecht).
— In Faulbrut-Sperrgebiete darf nicht eingewandert werden. Innerhalb des Sperrgebietes muss vor Verstellen von Völkern die Genehmigung des Veterinäramtes eingeholt werden (§ 11 Bienenseuchenverordnung).
— Der Wanderstand ist mit einem Schild mit Name und Anschrift des Imkers sowie der Zahl der Bienenvölker zu versehen. Dies sollten Sie auch aus eigenem Interesse machen, z. B. bei Frevel oder Stromschäden können Sie erreicht werden.

# BIENENGESUNDHEIT — *Vorbeugung und Maßnahmen*

# KRANKHEITEN ERKENNEN UND BEKÄMPFEN

In einem Volk von 10.000 bis 50.000 Individuen ist der Verlust einer einzelnen oder Hunderter Bienen eine „normale“ Angelegenheit. Problematisch ist, wenn durch Krankheitserreger oder Vergiftungen die minimale Versorgung der Brut und damit die Entwicklung der folgenden Bienengeneration nicht mehr gewährleistet sind. Hierdurch können benötigte Arbeitskräfte verloren gehen!

☞ *Propolis, Bakterien auf verschiedenen Pollenkörnern sowie Inhaltsstoffe des Honigs wirken hemmend auf Krankheitserreger und fördern die Bienengesundheit.*

Die Bienen haben in den vergangenen 80 Mio. Jahren effektive Strategien gegen viele Erreger und Schädlinge entwickelt. Gegen die neu eingeschleppte Varroamilbe (aus Asien) können sich die Bienen nicht ausreichend wehren – hier muss der Imker helfen!

## FAKTOREN-KRANKHEITEN

Mehrere Krankheiten der Bienen werden als Faktorenkrankheiten bezeichnet: Ungünstige Faktoren fördern den Krankheitsverlauf und positive Faktoren die Gesundung. Dies trifft u. a. für Durchfallerkrankungen der erwachsenen Biene (Nosema- und Amöbenruhr) sowie Befall durch den Kalkbrutpilz der Bienenbrut zu. Die Erreger dieser Krankheiten sind in jedem Bienenvolk vorhanden. Den Krankheitsausbruch fördern z. B. ungünstige Witterung, Trachtmangel (Futter- bzw. Eiweißmangel), Störungen von außen, genetische Anfälligkeit, ungünstige Maßnahmen des Imkers (z. B. Brutnest stark auseinandergerissen, Überdosierung von Medikamenten) und Stimmung im Volk (z. B. alte Königin, Weisellosigkeit).

*Bienen haben Strategien gegen viele Schädlinge und Erreger entwickelt. Jedoch nicht gegen alle.*

## RICHTIGE DIAGNOSE

Es ist völlig unrealistisch, dass jeder Imker zum Experten für Bienenkrankheiten wird. Bei Problemen oder „Ungereimtheiten" sollte daher unbedingt ein Experte herangezogen werden, und zwar an den Bienenvölkern und nicht zur Telefondiagnose! Die meisten Imkervereine haben Gesundheitsobleute (Bienenseuchensachverständige), ansonsten sind die Bieneninstitute oder der Amtstierarzt des zuständigen Veterinäramtes die Ansprechpartner. In vielen Fällen wird ein erfahrener Imker zu Rate gezogen, was für häufiger auftretende Erkrankungen unproblematisch ist. Bei seltener auftretenden Krankheiten (Sackbrut, Amerikanischer Faulbrut AFB und Europäischer Faulbrut) können sich auch erfahrene Imker zum Teil irren. Bienensachverständige bilden sich ständig fort.

### ☞ HINWEISE AUF MÖGLICHE ERKRANKUNGEN

| ANZEICHEN | DIAGNOSE |
|---|---|
| Viele tote oder verkrüppelte Bienen vor dem Flugloch oder in der Beute | Vergiftung, extremer Varroabefall, Räuberei, Tracheenmilbenerkrankung und Nosemabefall |
| Kotspuren an den Außenwänden der Beute, auf den Waben | Durchfall: Nosema- und Amöbe, Störungen, unverdauliches/ungeeignetes Futter. |
| Weiße bis dunkle Mumien liegen auf dem Beutenboden, stecken in den Brutzellen. | Pilzerkrankung: Kalkbrut |
| Die offene Brut ist verfärbt, liegt evtl. verdreht in der Zelle. | Unterkühlung, bakterielle Erkrankung: Europäische Faulbrut |
| Die Zelldeckel der Brut sind löchrig, eingefallen oder verfärbt oder werden von den Arbeiterinnen aufgenagt. Das Brutnest ist lückig. | Sackbrut-Virusbefall, starker Varroabefall evtl. mit gleichzeitig auftretenden Viren, bakterielle Erkrankung: Amerikanische Faulbrut (s. u.) und Pilzerkrankung (Kalkbrut). |
| Die Bienenmasse ist unterdurchschnittlich klein, das Volk zeigt keine Dynamik. | Stagnation oder Abnahme der Aktivitäten: Alle Krankheiten |
| Untersuchung des Gemülls (siehe S. 153) | Varroamilbe |
| Untersuchung von Futterkranzproben im Labor | Es lässt sich die potenzielle Gefährdung durch die Amerikanische Faulbrut feststellen. |

*Ursachenklärung: Im Beutenboden liegen viele tote Bienen – Restvolk lebt noch.*

## KRANKHEITS-BEKÄMPFUNG IN BIENENVÖLKERN?

Sie erahnen vermutlich, dass es keine Behandlung von einzelnen Bienen gibt. Die möglichen Maßnahmen sind:

**Selbstheilung:** Bei Faktorenkrankheiten kann sich die Situation ändern und das Bienenvolk gesunden. Zum Beispiel beim Einsetzen von Massentracht und optimalen Flugbedingungen (Durchfall und Kalkbrut).

**Bauerneuerung:** Alter Wabenbau kann Krankheitserreger enthalten und wird auch deshalb eingeschmolzen. Mittelwände werden ausgebaut (Durchfall, Kalkbrut, geringe Mengen an Erregern der Amerikanischen Faulbrut).

**Fütterung oder Massentracht:** Die Aktivität der Bienen, insbesondere der Putztrieb, wird erheblich (!) durch kleine Mengen (Flüssig-)Futter oder auch durch eine Massentracht angeregt. Gleichzeitig sterben alte und kranke Bienen beim Sammelflug. Die gesteigerte Brutaktivität sorgt für den Nachschub an jungen Bienen. Das Volk kann gesunden (Durchfall und Kalkbrut). Füttern Sie niemals fremden Honig oder Pollen, er enthält meist Erreger der Amerikanischen Faulbrut!

**Kunstschwarmsanierung mit Hungerphase:** Bei der AFB kann zur Sanierung das Bienenvolk nach einer Hungerphase auf Mittelwände gesetzt und so zum Aufbau eines gesunden Brutnestes bewegt werden. Dies ist nur etwas für Fachleute (siehe S. 167).

**Abtöten:** Schlimmstenfalls finden Sie nur noch ein Häuflein Elend im Bienenkasten. Der Fachmann wird Ihnen beim Abtöten (Abschwefeln) zur Seite stehen. Sollte die AFB aufgetreten sein, bestimmt die Veterinärbehörde die Vorgehensweise.

*Gesunde Bienen: Rundmaden, Streckmade und Puppe.*

# UNTERSCHEIDUNG VON BRUTKRANKHEITEN

## KALKBRUT

*(Pilzerkrankung)*

— Streckmade ist vom Pilz völlig durchsetzt.
— Oberfläche weiß, grau bis grünlich gefärbt (Pilzsporen).
— Kalkbrutmumie liegt locker in der Zelle.

## VARROOSE

*(Milbenerkrankung)*

— Helle Milben: junge Stadien; dunkle Milben: adulte Tiere
— Die Milben vermehren sich in der verdeckelten Brut.
— Bei mehreren Muttermilben je Larve oder beim Auftreten von Viren öffnen Bienen z.T. die verdeckelte Brut und fressen diese aus.
— Stark geschädigte Bienen sind verkrüppelt (Flügel) und sehr klein (Hinweise auch auf Varroa-bedingte Viruskrankheiten).

## SACKBRUT

*(Viruserkrankung)*

— Streckmade ist sackförmig mit Flüssigkeit gefüllt, Kopf ist „eingeknickt".
— Verfärbung anfangs hellbraun, später bis schwarz
— Mumie dunkelbraun bis schwarz, beide Körperenden liegen umgebogen. Mumie liegt locker in der Zelle.

## EUROPÄISCHE FAULBRUT

*(bakterielle Erkrankung, ehemals „Gutartige Faulbrut")*

— Offene Brutstadien (Rundmaden) anfangs nur fleckig verfärbt, später dunkel.
— Rundmaden liegen leicht verdreht in Zelle.
— Säuerlicher Geruch

## AMERIKANISCHE FAULBRUT

*(bakterielle Erkrankung, AFB)*

— Verfärbter, eingesunkener Zelldeckel
— Fadenziehende Masse: anfangs weiß, später hell- bis dunkelbraun gefärbt.
— Larve meist völlig zersetzt oder nur die Zunge noch sichtbar.
— Verdacht muss dem Veterinäramt unverzüglich (!) angezeigt werden!
— Schorf liegt fest in der Zellrinne.

## UNTERKÜHLUNG DER BRUT

— Es sind alle Brutstadien betroffen.
— Rund- und Streckmaden verfärben sich stellenweise grau bis schwarz.
— Geruchsbildung durch die Zersetzung durch anwesende Bakterien
— In zu kleinen/zu stark erweiterten Völkern bei Kälteeinbruch

## VERSCHIEDENE VIREN

— Streckmade liegt verdreht in der Zelle.
— Zelldeckel löchrig/von Bienen entfernt.
— Gelb- bis bräunlich verfärbte Made
— Starker Varroabefall des Volkes

*Kalkbrutmumien – von den Bienen aus den Zellen geworfen.*

*Drohnenpuppen – aus der Wabe herausgeholt: Varroamilben (oval, dunkel).*

*Varroamilben aus der Zelle genommen: junge Milben (weiß), Muttermilbe (dunkelbraun).*

*Sackbrut – sackförmige, verfärbte Larve in der Zelle.*

*Europäische Faulbrut – offene Brut verfärbt und verdreht in der Zelle liegend.*

*Amerikanische Faulbrut – Streichholzprobe (fadenziehende Masse).*

*Unterkühlung der Brut – alle Brutstadien sind betroffen, Verfärbung der Brut.*

*Nachträglich von den Bienen geöffnete Brutzelle – Varroa-/Virusschäden?*

*Durchfallerkrankung – deutliche Kotspuren an der Beute.*

*Varroa- und Virus-geschädigte Biene: verkürzter Hinterleib und verstümmelte Flügel.*

*Räuberei und Schwarzsucht – gesunde Biene (li), erkrankte Biene (re.).*

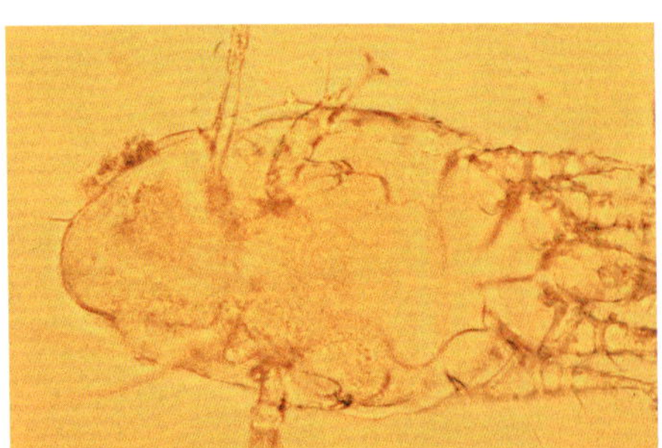

*Tracheenmilbe – im Mikroskop in der Atemröhre erkennbar.*

# UNTERSCHEIDUNG VON KRANKHEITEN DER ERWACHSENEN BIENE

## DURCHFALLERKRANKUNGEN

*(einzellige Parasiten, Störungen)*

— Kotspuren auf den Waben, in und auf der Beute deuten auf Nosematose, Amöbenruhr, Störungen oder unverdauliches Futter hin.

— Typische Übergangs- bzw. Frühjahrserkrankung, häufig durch Pollenmangel im Vorjahr verursacht.

## VARROAMILBE

— Wenn Milben auf den Bienen sichtbar sind, ist die Milbenpopulation viel zu groß.

— Verkrüppelte Bienen (Flügel oder gestauchter Hinterleib) bei hohem Milbenbefall und zusätzlichen Viren.

## RÄUBEREI UND SCHWARZSUCHT

— Bienen verlieren ihre Haare und sehen völlig schwarz aus.

— Räuberei: Fremde Bienen befliegen ein Volk, um Honig zu rauben.

— Schwarzsucht kann u. a. durch Pollenmangel in der Waldtracht ausgelöst werden.

## TRACHEENMILBEN-ERKRANKUNG

— Hopsende und flugunfähige Bienen im Frühjahr vor dem Flugloch

— Mikroskopische Untersuchung von Bienen (Wintertotenfall) im Bieneninstitut

— Krankheit tritt sehr selten und nur in ganz bestimmten Regionen in Süddeutschland auf.

## VERGIFTUNG UND FREVEL

— Tausende von Bienen liegen tot vor dem Flugbrett, in der Beute.

— Vereinsvorsitzender, Polizei und Pflanzenschutzdienst überwachen Probennahme und Schadensmeldung.

## WABENSCHÄDLINGE

### KLEINE UND GROSSE WACHSMOTTE

- Die Raupen der Wachsmotten durchfressen Waben, fressen Kokonhüllen und Pollenreste und zerstören die Waben bis hin zur Unbrauchbarkeit (S. 136).
- Die Puppen in Ritzen beschädigen Holz- und Kunststoffteile (Beuten und Rähmchen).

### KLEINER BEUTENKÄFER

- Die Raupen des Käfers zerstören die Waben; durch deren Kot werden auch Honigwaben ungenießbar (Auslaufen und Gärung des Honigs).
- Bisher noch nicht nach Deutschland eingeschleppter Käfer!

## MASSNAHMEN ZUR VERHÜTUNG VON BIENENKRANKHEITEN

1. Starke Bienenvolker sind widerstandsfähiger als kleine und schwache Völker. Deshalb sollten Sie Schwächlinge rechtzeitig verstärken oder auflösen.
2. Achten Sie beim Bienen- und Königinnenkauf auf eine amtliche Gesundheitsbescheinigung („Wanderbescheinigung").
3. Wabenhygiene: Lassen Sie die Bienen möglichst viele Mittelwände ausbauen, damit Sie alte Waben einschmelzen können: mindestens eine Zarge pro Volk und Jahr! Alte Waben werden bevorzugt von Wachsmotten befallen.
4. Verunreinigte, vollgekotete oder verschimmelte Bienenbeuten sollten Sie gründlich mit heißem Wasser (besser: Ätznatronlauge) reinigen.
5. Wabenvorräte sollten Sie vor der Wachsmotte schützen – keine „alten Schinken" sammeln!
6. Verhindern Sie Räuberei, durch die Bienenvölker geschwächt und Krankheitserreger verbreitet werden. Wabenmaterial, Honig und Futter stets „bienendicht" und trocken lagern.
7. Verfüttern Sie nie fremden Honig oder Pollen (kann Erreger der AFB enthalten) oder Zucker mit Zusätzen, die den Bienendarm belasten.
8. Varroabekämpfung mit bewährtem Konzept (siehe S. 153 f.)
9. Freiwillig einmal im Jahr eine Futterkranzprobe untersuchen lassen – dann wissen Sie, ob die AFB eine Bedrohung darstellt – oder nicht!
10. Kein Hungern! Bienenvölker dürfen nie hungern! Bei akutem Tracht- und Futtermangel Futterwaben zuhängen oder füttern. Ggf. Trachten anwandern. Besonders Jungvölker gehören in eine gute Pollentracht. Für langlebige Winterbienen benötigen alle Völker im (Spät-)Sommer eine gute Pollenversorgung!

### WO ERFÄHRT MAN MEHR ÜBER BIENENKRANKHEITEN?

Es ist klar, dass man mit dem Thema Bienenkrankheiten Bücher füllen kann. Auch gibt es zu dem Thema Filme. Letztendlich sind dies sinnvolle Ergänzungen zu Schulungen und Vorträgen zu diesem Thema. Aktuelle Beiträge und Hinweise auf Schulungen finden Sie in den Imkerzeitschriften sowie den Instituten und Verbänden. Wer Bienen hält, muss sich fit halten und darf nicht blind (angeblich) bewährten Verfahren zur Krankheitserkennung und -bekämpfung vertrauen. Auch die Informationen in diesem Buch unterliegen der „Alterung" durch neue Erkenntnisse oder gar Gesetzesänderungen, die nach der Drucklegung auftreten können.

*Reinigung von Rähmchen in Ätznatronlauge.*

*Abspülen von Ätznatron-Resten mit Wasser.*

## REINIGUNG UND DESINFEKTION

Nur wenige Ausrüstungsgegenstände lassen sich mit warmem Wasser und Bürste effektiv reinigen, da Wachs und Propolis hiermit nicht entfernbar sind. Ausgeschmolzene Waben, klebrige oder gar z. B. mit Bienenkot oder Schimmel verunreinigte Beuten und Rähmchen usw. am besten mit warmer/ heißer Ätznatronlauge (kalt/heiß) reinigen, da beide Stoffe aufgelöst bzw. verseift werden. Gleichzeitig werden alle Krankheitserreger abgetötet! Viele Imkervereine haben sich im Zuge der Faulbrutbekämpfung eine entsprechende Ausrüstung angeschafft, die sie an die Mitglieder verleihen oder auch Reinigungstage im Herbst/Winter oder Frühjahr anbieten. Für das Arbeiten mit Ätznatron gilt: Schutzkleidung (Brille, Handschuhe, Stiefel und Spritzschürze) tragen, die Gegenstände hinterher mit Wasserschlauch und Bürste oder Hochdruckreiniger gut abspülen. Die restliche Lauge kann hinterher im Abwasserkanal entsorgt werden – fragen Sie vorher beim Entsorgungsbetrieb („Abfalltelefon") nach. Ätznatron erhalten Sie z. B. im Imkereifachbedarf in pulverisierter Form. Aus Sicherheitsgründen gießt man das Pulver erst in das kalte Wasser (Spritzgefahr). Mengen: Für eine 3 % Lösung löst man z. B. 3 kg Ätznatron in 100 l Wasser.

Es ist anzustreben, jährlich ⅓ der Ausrüstung (Zargen, Rähmchen) mit Ätznatron zu reinigen. Dies ist effektiv und geht sehr schnell.

### Arbeitsschritte

1. Die Gegenstände mit dem Stockmeißel grob vorreinigen: Wachs und Propolis abkratzen.
2. Komplette Zargen (Holz oder Kunststoff) sowie Rähmchen in heiße bis kochende Ätznatronlauge tauchen. Manche Materialien verändern sich bei Hitze – vorsichtig ausprobieren!
3. In kochender Lauge steigt besonders bei kaum vorgereinigten Rähmchen viel Schaum auf (verseiftes Wachs): mit einem Haushaltssieb entfernen.
4. Mit einem Hochdruckreiniger (alternativ: Wasserschlauch und Bürste) die Lauge von den Gegenständen abspülen.

### Alternativen

In dem Beispiel oben wurde ein Milchkübel (Edelstahl) für komplette Zargen verwendet. Der Behälter kann selbstverständlich kleiner sein, jedoch sollten dann nacheinander die Innenseiten der Zargen abgebürstet werden. „Notfalls" muss eine Wanne herhalten. Holz- und Metallteile können auch durch Abflammen desinfiziert werden.

**Tipp:** Denken Sie auch bei diesen Arbeiten an rückenfreundliches Arbeiten!

*Trocknen von gereinigtem Beutenmaterial.*

*Desinfektion von Holzbeuten durch Abflammen.*

## ☞ AUSRÜSTUNG REINIGEN

| AUSRÜSTUNG | REINIGUNGSVERFAHREN |
|---|---|
| **Nicht desinfizierbare Gegenstände** | |
| Bienenbesen, Feder oder Gänseflügel | Wasser und Seife |
| Strohkörbe | mechanisch: abkratzen |
| Beuten mit Wärmedämmmaterial, das „offen zugänglich" ist | mit Stockmeißel |
| stark rissige oder löchrige Beuten oder Rähmchen | lohnt nicht (vernichten) |
| Kunststoffwaben (verformen sich in der kochenden Ätznatronlauge) | kalte Ätznatronlauge, evtl. Hochdruckreiniger mit heißem Wasser |
| **Desinfizierbare Gegenstände** | |
| Holzbeuten, Metallteile (Stockmeißel, Metallgitter) | Abflammen, Alternative: kalte, warme oder kochende Ätznatronlauge |
| Holz- und Kunststoffbeuten, Holzrähmchen, Schiete, Metallteile (nicht aus Aluminium oder Emaille), z. B. Absperrgitter, Auflagestangen | kochende Ätznatronlauge (3 %ig) (Kunststoff vorher testen!) |
| Kunststoff- und Glasscheiben, Kunststoffteile, z. B. Auflageleisten, Futterbehälter, Futterdeckel mit Membrane. Metallteile (nicht aus Aluminium oder Emaille) | kalte Ätznatronlauge (mind. 10 – 12 Stunden) oder Spülmaschine (Reinigungsmittel enthält ebenfalls Ätznatron) |

# DIE VARROAMILBE

Die Varroamilbe *(Varroa destructor)* wurde von Asien aus weltweit verschleppt – sie muss in Europa von jedem Imker bekämpft werden! Grund: Zurzeit gibt es noch keine Honigbiene, die tolerant („resistent") gegen diesen Parasiten ist; ohne den Einsatz von Medikamenten oder Maßnahmen des Imkers kann kein Volk überleben. Daher sollten Sie die Milben im Auge behalten und eine ganzjährige Bekämpfungsstrategie haben. Die hier im Buch beschriebene Bekämpfungsstrategie ist für Anfänger sehr geeignet – je nach Land bzw. Region werden von den Verbänden und Instituten Alternativen dazu propagiert. Halten Sie sich auf dem Laufenden!

*Varroamilbe steigt in die Brutzelle, die sie erst mit der schlüpfenden Biene verlässt.*

## BIOLOGIE DER VARROAMILBE

Die Milbe ist oval (1,4 mm breit/1,2 mm lang), flach gebaut und dunkelbraun gefärbt. Sie hat acht Beine. Die Varroa-Weibchen sitzen bevorzugt unter den Panzerringen auf dem Rücken und dem Hinterleib der Bienen. Die Milbe verletzt mit ihren Mundwerkzeugen die Haut der Biene (Gelenkhaut) und saugt Bienenblut. Zur Vermehrung steigt die Milbe von der Biene und klettert bevorzugt in Drohnenbrutzellen, aber auch in Arbeiterinnenzellen, die kurz vor der Verdeckelung stehen.

In der verdeckelten Zelle legt die Milbe ihre Eier. Sowohl die „Mutter-Milbe" als auch ihre Nachkommen saugen Bienenblut und schädigen hierdurch die Brut. Die weiblichen Jungmilben werden noch in der Brutzelle vom Milbenmännchen begattet. Die Entwicklung der jungen Milben ist ein Wettlauf mit der Zeit: Mit der Biene (Drohn oder Arbeiterin) verlassen auch die Milbenweibchen die Brutzelle – das Milbenmännchen stirbt noch innerhalb der Brutzelle. Als Faustregel gilt, dass sich alle drei Wochen die Anzahl der Milben im Bienenvolk während der Brutphase verdoppelt! Sowohl die alte Milbe als auch die jungen Milben dringen nach einigen Tagen Aufenthalt auf erwachsenen Bienen erneut in Brutzellen ein, um sich zu vermehren. Die Bienen werden besonders stark geschädigt, wenn mehrere (Mutter-)Milben in einer Brutzelle sind (hohe Varroabelastung). Die Milben reduzieren die Lebenserwartung der Bienen auch noch durch Viren, die sie auf die adulten Bienen und die Bienenbrut übertragen!

*Gemüll mit Wachsteilchen und vielen Varroamilben (nach Medikamentenanwendung).*

## BAUSTEINE EINES VARROA-BEKÄMPFUNGSKONZEPTES

Heute besteht Einigkeit, dass eine einmalige Varroabekämpfung im Jahr überhaupt nicht ausreicht. Es bedarf in der gesamten Bienensaison milbenreduzierender Maßnahmen, wobei zu beachten ist, dass vor der letzten Honigernte keine (!) Medikamente angewendet werden dürfen (Rückstände im Honig):

1. Gemülldiagnose: Kontrolle des natürlichen Milbentotenfalls innerhalb des Bienenjahrs als Barometer für die Milbenpopulation im Volk und zur Überprüfung des Behandlungserfolges.
2. Drohnenbrutausschneiden von April bis Juli
3. Bildung von (Brut-)Ablegern, in denen eine Behandlung stattfinden kann (keine Honigernte im selben Jahr)
4. (Spät-)Sommer-Behandlungen: (Mindestens) eine Behandlung nach der letzten Honigernte und eine Behandlung während/nach der Auffütterung. Die Dauer und Anzahl der Behandlungen muss an die jeweilige Varroasituation und an die Wirkweise des Medikamentes angepasst werden.
5. Winterbehandlung der Bienen in der brutlosen Zeit mit Oxalsäure

Der Vorteil dieser Bausteine: Sollte eine Maßnahme weniger wirksam sein, dann reduziert man mit der nächsten Maßnahme die Milben. So hält man die Milbenpopulation möglichst unter der Schadschwelle! Eine völlige Entmilbung der Völker macht erst im Winter Sinn, da während der Zeit des Bienenfluges ständig Milben durch Räuberei und Verflug zwischen den Völkern ausgetauscht werden.

☞ *Andere Länder bedeuten andere Gesetze und Erfahrungen. Erkundigen Sie sich nach dem Behandlungskonzept Ihrer Region. Auskünfte geben die Bieneninstitute, Verbände und das Internet!*

## GEMÜLLDIAGNOSE

Die Kontrolle der Milbenanzahl wird zeitweise verteilt über das ganze Jahr empfohlen, um einen Hinweis auf eine evtl. notwendige Behandlung zu erlangen:
Wenn Milben sterben, fallen sie durch die Wabengasse auf den Beutenboden. Dieser sollte mit Varroagitter (Gaze) und einem einschiebbaren Brett, der „Varroaschublade" („Varroawindel"), ausgestattet sein. Das Varroagitter verhindert, dass durchfallende Milben von Bienen weggeräumt werden.

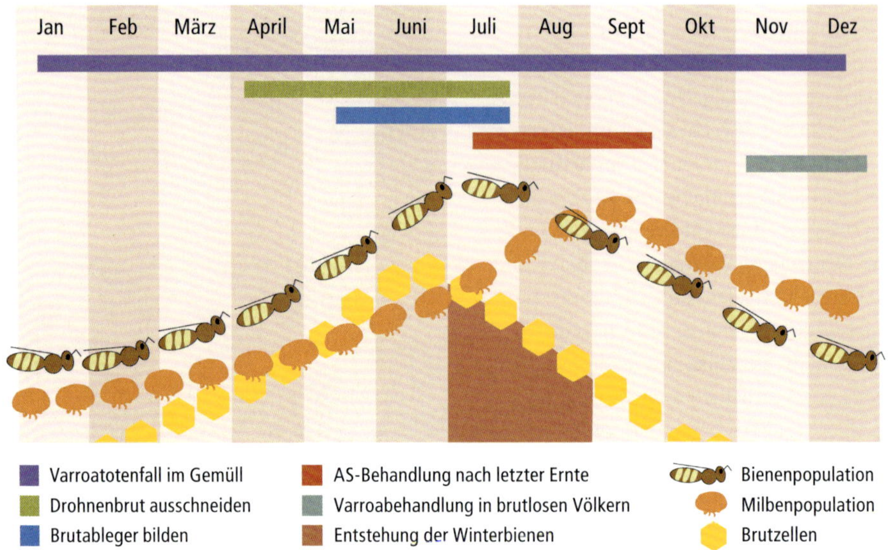


*Entwicklung der Bienen und Varroamilben, Möglichkeiten der Diagnose und Behandlung (verändert nach BOECKING).*

## ZEITRÄUME FÜR DIE DIAGNOSE

Regelmäßige Kontrollen sind Teil der guten imkerlichen Betriebsweise. Besonders empfohlene (Mindest-)Zeitpunkte: jeweils eine Kontrolle zur (Sal-)Weidenblüte (ca. März), zum Ende der Sommertracht (Mitte bis Ende Juli) und im Winter (Nov./Dez., um die Notwendigkeit einer Winterbehandlung zu prüfen). Jeder Behandlung sollte eine Gemülldiagnose vorausgehen, um die Behandlung gezielt auf den Befall abstimmen zu können.
Während und nach jeder Behandlung sollte eine Gemülldiagnose erfolgen, um den Behandlungserfolg zu überprüfen (Wirkung des Medikamentes).

### NOTBEHANDLUNG

Eine baldige Notbehandlung (Honig vorher entnehmen) sollte man durchführen – bei starkem Milbenfall oder bei folgenden Alarmzeichen:
— Milben sind auf Bienen/Waben,
— Bienen mit verkrüppelten Flügeln
— oder verkürztem Hinterleib sichtbar.

## DURCHFÜHRUNG UND AUSWERTUNG

Die Gemüllwindel (Varroaschublade) muss für mindestens drei Tage unter das Bienenvolk geschoben werden. Verbleibt sie in der warmen Jahreszeit länger, dann fressen Tiere wie z. B. Ameisen die gefallenen Milben (ungenaue Datenerhebung!) und Wachsmotten-Raupen fressen und entwicklen sich auf der Windel.
Natürlicher Milbenfall (ohne Varroabehandlung) – Schadschwellen für Wirtschaftsvölker (für Ableger und kleine Völker: maximal halbierte Werte nehmen bzw. s. u.):

— < 5 Milben/Tag: keine akute Gefahr
— 5–10 Milben/Tag: starker Befall und Behandlung zeitnah.
— > 10 Milben/Tag: sofort Bekämpfung durchführen!

Die Milbenfallzahlen dienen als grobe Orientierung und können je nach Zustand des Bienenvolkes stark variieren – der Brutumfang und die Volksstärke sind hierbei sehr entscheidend:

Zum Beispiel sind 5 Milben pro Tag in einem kleinen Volk mit wenig Bienen und wenig Brut eine viel stärkere Belastung, und daher viel kritischer zu bewerten, als in einem großen Volk mit vielen Bienen und Brutwaben! Die Milbenfallzahlen helfen auch, Völker mit einer erhöhten Varroabelastung auf dem Bienenstand zu erkennen und bei Bedarf schon eher als die übrigen Völker zu behandeln. Sind alle Völker im akzeptablen Bereich, behandelt man alle Völker gleichzeitig.
Nach einer Varroabehandlung fallen über mehrere Tage bis wenige Wochen teilweise Hunderte oder Tausende Milben. Das sollte Sie nicht erschrecken – wichtig ist, dass die im Volk verbleibende Milbenmenge stark reduziert wird! Sie werden merken, dass es Varroa-arme und Varroa-reiche Jahre gibt – die Gründe hierfür sind komplex, u. a.: Die Wirksamkeit der Behandlungen ist witterungsbedingt und die Dauer der Brutperiode ermöglicht die Vermehrung der Milben.

*Gemüllkontrolle – Auszählen der Varroamilben zur Diagnose und Erfolgskontrolle nach Behandlung.*

## ☞ VARROAMILBE WANN BEHANDELN?

| KONTROLLE BIS JULI | |
|---|---|
| Weniger als fünf Milben pro Tag | Es besteht keine unmittelbare Gefahr für die Völker. Es sollte aber nach Trachtende behandelt werden. |
| 5–10 Milben pro Tag | Der Befall kann kritisch werden. Die Völker sollten besonders aufmerksam beobachtet werden. |
| Mehr als 10 Milben pro Tag | Das Volk sollte bald behandelt werden. Eventuell muss auf eine weitere Tracht verzichtet werden. |
| Mehr als 30 Milben pro Tag | Die Schadschwelle ist überschritten, das Volk ist nicht mehr zu retten. |
| **KONTROLLE IM HERBST (OKTOBER/DEZEMBER)** | |
| Mehr als eine Milbe pro Tag | Es sollte eine Winterbehandlung im Winter im brutfreien Zustand der Völker erfolgen. |

*Drohnenwabe – die Teilung der Wabe erlaubt das Ausschneiden einer Wabenhälfte.*

*Dunkle Varroamilbe (Muttermilbe) auf einer Drohnenlarve.*

## DROHNENBRUT AUSSCHNEIDEN

Die Milbe bevorzugt die Drohnenbrut für ihre Vermehrung, also kann man mit der verdeckelten Drohnenbrut auch gleichzeitig Milben vernichten – ohne Medikamente anzuwenden. Daher gibt man von März bis Ende Juni/Anfang Juli in jeden Brutraum einen Drohnenbaurahmen: ein leeres Rähmchen, das man zur leichteren Auffindung z. B. mit einem Reißzwecken auf dem Oberträger kennzeichnet. Einige Imker teilen diese Rähmchen mit einer Holzleiste waagerecht in 2 Hälften, damit man auch nur die Hälfte der Drohnenbrut ausschneiden und vernichten kann. So überleben noch genug Drohnen für die Begattung von Königinnen.
Der Drohnenrahmen bildet immer den Abschluss zum Brutnest, ist also die letzte oder erste Brutwabe. Möchte man das Ausbauen beschleunigen, stellt man es zentraler in das Brutnest.

**Benötigtes Material:** Drohnenbaurahmen = leeres Rähmchen, Messer

### Arbeitsschritte

1. Stellen Sie den Baurahmen an das Brutnest, zum Beispiel als letzte Brutwabe.
2. Wenn die Drohnenbrut (überwiegend) verdeckelt ist, fegen Sie die Wabe ab und schneiden die Drohnenbrut mit einem Messer aus. Bei nicht kritischer Milbenmenge reicht das Ausschneiden der Hälfte der Drohnen.
3. Kontrollieren Sie den Milbenfall in der Drohnenbrut. Die dunklen Milben sind auf der Brut gut erkennbar.
4. Frieren Sie die Brut ein (Abtöten) und entsorgen Sie das Wachs: Einschmelzen, im Restmüll (Müllverbrennungsanlage) oder abends bei den eigenen Hühnern. Die gute imkerliche Praxis verbietet es (Räuberei und Verbreitung der AFB), die Drohnenbrut z. B. für Vögel in der Gegend zu platzieren.

## BEHANDLUNGS-METHODEN

Es gibt weltweit eine größere Anzahl von Medikamenten gegen die Varroamilbe. Die wenigsten hiervon sind in Deutschland zugelassen. Darüber hinaus hinterlassen viele komplexe Medikamente Rückstände im Bienenwachs, auf den Rähmchen und Beutenwänden, auf den Bienen und im Honig. Gegen einige dieser komplexen Wirkstoffe gibt es auch schon Resistenzen der Milben – sie wirken nicht mehr. Aus diesem Grund sollte man kritisch mit diesen komplexen Medikamenten umgehen. Auf keinen Fall handelt es sich um Wundermittel – Zehntausende Imker können auch ohne sie, also nur mit den organischen Säuren, erfolgreich die Varroamilbe in den Griff bekommen. Ich verzichte daher völlig auf die weitere Beschreibung der komplexen Varroazide der großen Pharmahersteller (werden in den Imkermedien ausreichend beworben und besprochen) und beschränke mich auf die organischen Säuren: Ameisensäure, Milchsäure und Oxalsäure. Diese haben den Vorteil, dass sie bei richtiger Anwendung keine Rückstände im Wachs und Honig hinterlassen – gleichzeitig kommen sie auch natürlich im Nektar/Honig vor. Die Tabelle (S. 163) zeigt, dass es geeignete Zustände des Volkes bzw. auch Jahreszeiten gibt, wann welche Säure angewendet werden kann: Die Milch- und Oxalsäure z. B. sollte man nur in brutlosen Völkern oder im Winter anwenden (siehe S. 160 f.). Der Wirkstoff Thymol gehört zu den ätherischen Ölen, wirkt nur bei längerer Anwendung und kann geringe Rückstände im Wachs hinterlassen. Einige Imker kombinieren daher im Sommer die Thymol- und Ameisensäureanwendungen oder wechseln jedes Jahr zwischen beiden.

## AMEISENSÄURE

Die Ameisensäure (kurz: AS) wird direkt auf ein (Küchen-)Schwammtuch oder von dem Vorratstank eines Verdunsters auf einen Verdunsterstoff (z. B. Papier beim Liebig-Dispenser oder über Pappe auf ein Vliestuch beim Nassenheider Verdunster professional) gegeben und verdampft im Bienenvolk. Die Milben werden hierdurch geschädigt und abgetötet. Als einziger Wirkstoff erreicht AS auch Milben in den verdeckelten Brutzellen. Die geschädigten Milben fallen von den Bienen

*Schwammtuch – einfachste Art der Ameisensäurebehandlung (Stoßbehandlung).*

*Der Nassenheider Verdunster benötigt immer eine (Halb-)Zarge.*

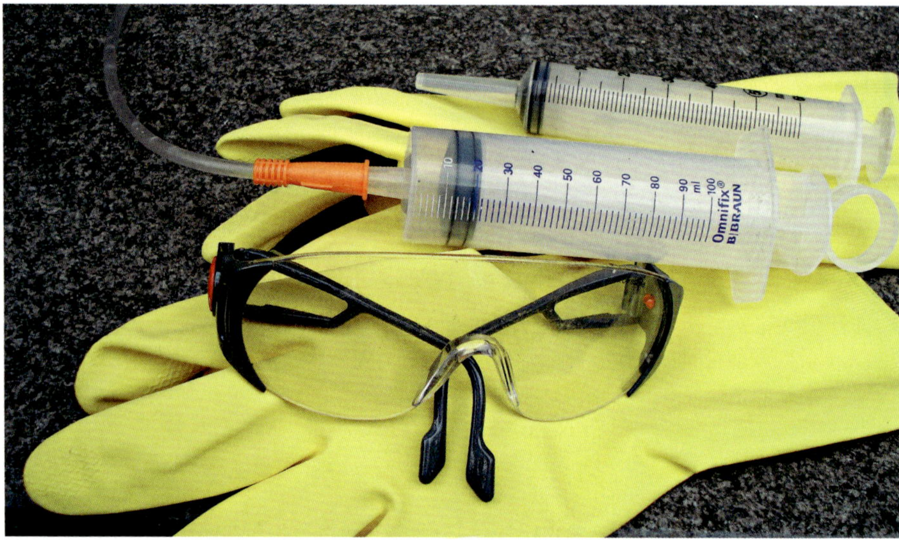


*Schützen Sie sich bei der Anwendung organischer Säuren.*

auf die Gemüllwindel. Aus den verdeckelten Brutzellen werden dagegen die geschädigten und abgetöteten Milben erst beim Schlupf der Biene freigesetzt bzw. durch die Reinigung der Zellen durch die Stockbienen beseitigt.

☞ *Mit allen Medikamenten, so auch mit AS, werden Wirtschaftsvölker erst nach der letzten Ernte behandelt, damit es nicht zu geschmacklichen Rückständen im Honig kommt: „Zusätze" im Honig sind verboten! Anderslautende Empfehlungen in Beipackzetteln von Varroaziden sollte man daher nicht beachten.*

## VORSICHTSMASSNAHMEN

Diese gelten für den Umgang mit allen Säuren.

- AS ist ätzend.
- Bei der Vorbereitung und während der Behandlung wasserdichte (Haushalts-) Handschuhe und Schutzbrille tragen.
- Wasser bereithalten: Säurespritzer sofort mit Wasser ab- und auswaschen.
- Für Kinder unerreichbar unter Verschluss halten.
- Zur Anwendung ist zurzeit nur die 60 %ige AS (ad us vet.) zugelassen – die 85 %ige AS wird nur teilweise „geduldet".

Bei der Anwendung von AS lassen sich Brutschäden nie vollständig ausschließen, besonders offene Brut und die gerade schlüpfenden Jungbienen können geschädigt werden und absterben. Diese Verluste kompensiert ein Bienenvolk ohne Probleme und in kurzer Zeit. Königinnenverluste sind selten, aber möglich – besonders bei der Anwendung bei Außentemperaturen oberhalb von ca. 27 – 30 °C. Hinweise zum optimalen Wetter für die AS-Anwendung erfahren Sie unter *www.varroawetter.de.*

## KURZ- UND LANGZEITBEHANDLUNG MIT AS

Mit dem Schwammtuch wird die AS innerhalb kurzer Zeit (24 Stunden) abgegeben – man spricht daher von einer Stoßbehandlung oder einer Kurzzeitbehandlung. Wiederholt man die Behandlung mit dem Schwammtuch nach 4 bis 7 Tagen, dann hat man einen ähnlich wirkungsvollen Effekt wie bei einer Langzeitbehandlung mit einem Verdunster. Die Verdunster bauen dagegen eine geringere AS-Konzentration in der Stockluft auf und halten diese über 5 Tage bis 2 Wochen – je nach Gebrauchsanleitung der jeweiligen

Verdunster. Die Verdunstungsmenge sollte man kontrollieren und bei Bedarf korrigieren. Mit der Zulassung der AS-Streifen (MAQS) gibt es eine weitere Form der Langzeitbehandlung, jedoch kann man ihre Verdunstungsmengen nicht verändern.

Es gibt regionale Unterschiede der Verbreitung der Art der AS-Anwendung; prinzipiell kann man mit jeder Methode erfolgreich die Milben bekämpfen. Je mehr Erfahrungen man mit einer Methode gesammelt hat, desto besser kann man Unwägbarkeiten erkennen und beheben – also das nötige Fingerspitzengefühl entwickeln.

In der Tabelle (S. 164) werden Ihnen auszugsweise einige Methoden zur AS-Anwendung beschrieben. Es gibt deutlich mehr Verfahren – machen Sie sich kundig und schauen Sie erfahrenen Imkern bei der Behandlung über die Schulter. Imkern, die begeistert von neuen Anwendungsverfahren berichten, sollte man kritisch begegnen: Langjährige Erfahrungen und Erfolge sind vertrauensvoller als kurzfristige „Experimente“!

*Überdosierung von Ameisensäure – sofort Säure aus der Beute nehmen.*

**ZU HOHE DOSIERUNG**

Sollten die Bienen bei der AS-Anwendung aus dem Flugloch quellen, dann ist die AS-Konzentration akut zu hoch: Sofort die Behandlung abbrechen, die AS aus dem Volk nehmen. Wiederholen Sie die Behandlung an einem anderen Tag und besseren Bedingungen (z. B. geringerer Außentemperatur, geringerer Luftfeuchtigkeit).

## ALLGEMEINE ANWENDUNGSHINWEISE

— Bei Kurzzeitbehandlungen sollte es trocken sein, damit hohe Luftfeuchtigkeit sich nicht mit der AS verbinden und diese „schwächen“ kann.
— Offene Gitterböden sind zu schließen, damit die AS nicht schnell „verpufft“.
— 2 – 3 Tage vor der Behandlung sollte die Fütterung der Völker gestoppt werden, damit keine erhöhte Luftfeuchtigkeit in der Beute besteht.
— Die Außentemperatur sollte je nach Anwendungsweise zwischen ca. 16 – 30 °C liegen. Darunter ist der Behandlungserfolg zweifelhaft, da die Bienen sehr eng (in der Traube) sitzen. Bei höheren Temperaturen besteht die Gefahr des Auszugs der Bienen oder des Verbrausens.
— Einige Anwendungsformen der AS benötigen eine zusätzliche Leerzarge, bei anderen (z. B. Schwammtuch) darf sie keinesfalls auf dem Volk sein (verdünnt die AS!).
— Brutlose und weisellose Völker ziehen bei der Behandlung schneller aus als „normale“ Völker. Notfalls die Behandlung abbrechen.
— Alle Völker eines Standes sollten gleichzeitig behandelt werden. Wenn die Imker im Umkreis einen gemeinsamen Behandlungszeitraum finden, wird die Re-Invasion mit Milben auf ein Minimum verringert.

*Milchsäure – Ansprühen der Bienen. Windrichtung beachten.*

## MILCHSÄURE

Die Säure ist in der richtigen Konzentration (15 Vol. %) erhältlich und braucht nur noch auf die Bienen auf den Waben gesprüht zu werden. Schutzkleidung wie bei der AS-Anwendung (Handschuhe, schützende Kleidung, Schutzbrille) sowie Atemschutz (Staubmaske)

**Dosierung:** Je bienenbesetzter Wabenseite werden maximal 8 ml fein versprüht, ohne die Bienen jedoch zu durchnässen (sollen silbrig glänzen!). Der Sprühkopf wird direkt auf die Flasche aufgeschraubt. Die Menge kann man „eichen", indem man in eine Spritze sprüht (Kolben herausgezogen) und die Anzahl von Spritzhüben zählt. Die empfohlene Anwendungshäufigkeit von brutlosen Jungvölkern liegt bei zweimalig im Abstand von wenigen Tagen bis zur Behandlung der Ableger bei jedem Kontroll- und Erweiterungsschritt. Die Bienen vertragen die Milchsäure (MS) besser als die AS!

Die Winterbehandlung aller brutlosen Völker mit MS sollte bei Temperaturen über 0 °C ein- oder zweimalig im Abstand weniger Tage vorgenommen werden. Diese starke Störung der Bienen mitten im Winter machen nur sehr wenige Imker – einfacher ist die Anwendung von Oxalsäure.

## OXALSÄURE-ANWENDUNG

**Träufelbehandlung mit Oxalsäure (OXS):** Die gebrauchsfertige Lösung wird direkt vor der Behandlung angefertigt – sie sollte maximal nur 1 – 2 Wochen gelagert werden. Man gibt den mitgelieferten Zucker in die flüssige OXS und schüttelt sie, bis der Zucker aufgelöst ist.

Die Winterbehandlung sollte nur in brutlosen Völkern erfolgen, meist verschicken Bieneninstitute und Verbände Informationen über die aktuelle Situation. Als Faustformel

*Dokumentation der Behandlung.*

*Winterbehandlung (Oxälsäure) – Beträufeln der Bienentraube.*

gilt: 3 Wochen nach den ersten Frostnächten sind die Völker brutlos. Je kühler es bei der Behandlung ist, desto besser wirkt die OXS. Da die Behandlung sehr schnell geht, sind auch Minus-Temperaturen kein Problem: Einmalig (!) träufelt man mit einer Dosierspritze die Lösung direkt auf die Bienen, die die Wintertraube bilden. Das Medikament ist nur wirksam, wenn die Bienen erreicht werden – bienenfreie Bereiche im Volk deshalb nicht beträufeln. Bei zweizargigen Völkern und dem Bienensitz zwischen beiden Zargen kippt man die obere Zarge an (Helfer!). Die OXS träufelt man auf die unten sitzende Bienentraube und spritzt sie auf die Bienen, die von der oberen Zarge durchhängen: Je mehr Bienen beträufelt werden,desto besser.

**Schutzkleidung:** Handschuhe und Schutzbrille. Spritzer mit Wasser abspülen.

**Hinweis:** Andere Anwendungsverfahren der OXS sind in Deutschland wegen ihrer Gefährlichkeit für den Anwender nicht zugelassen: Verdampfung oder Versprühen.

**WO UND WIE ERHÄLT MAN DIE VARROAMEDIKAMENTE?**

Viele Imkervereine machen eine Sammelbestellung über die Veterinärbehörde – Einzelbestellungen über Apotheke oder Imkerbedarfsläden sind häufig teurer oder z. T. für apothekenpflichtige Varroazide nicht möglich. Da die Zulassungssituation sich schnell ändern kann, erkundigt man sich am besten im Imkerverein. Frei verkäufliche Varroazide erhält man auch im Internet.

**WER SCHREIBT, DER BLEIBT!**

Dokumentieren Sie die Varroazid-Anwendungen in der Stockkarte und im Bestandsbuch (Vorlagen gibt es im Internet), so weisen Sie auch nach, dass Sie der Varroa-Bekämpfungsverpflichtung nachgekommen sind. Die Daten helfen bei der Fehleranalyse, z. B. bei keiner Wirkung oder Überdosierung.

*Alarmzeichen Milben auf Bienen sichtbar: (Not-)Behandlung!*

## VARROABEKÄMPFUNG MIT BRUTPAUSEN ODER VÖLKERTEILUNG?

„Radikale" Eingriffe in das Bienenvolk können die Vermehrung der Milbe blockieren – doch haben sie auch einen starken Einfluss auf die Volkentwicklung. Jeder Neuimker sollte froh sein, wenn seine Völker ausreichend stark mit gesunden Winterbienen in den Herbst bzw. Winter gehen. Dies geht auch ohne derartige Eingriffe, die man zweifelsohne mit etwas Erfahrung und unter Anleitung mit wenigen Völkern vorsichtig ausprobieren sollte.

*Verkrüppelter Drohn – bewährte Mittel helfen!*

## BÜCHERSKORPION, BIENENSAUNA & CO – WUNDERMITTEL?

In allen Medien werden viele interessante, mehr oder weniger diskutable und meist gar nicht besonders erforschte Bekämpfungsmethoden diskutiert. Man kann ganz sicher sein, dass geeignete Methoden in der Imkerpresse und in den anderen Medien dann auch von den Bienenforschern als solche bewertet werden. An Selbstversuchen sollte man sich nicht beteiligen, sondern mit gesundem Menschenverstand die Informationen sortieren und bewerten (lassen)!

### KEINE GEHEIMTIPPS!

In keinem Fall sollten für die Varroabekämpfung die zahlreichen „Geheimtipps", wie sie in Imkerkreisen diskutiert werden, zur Anwendung kommen. Zu oft sind diese vermeintlichen „Geheimtipps" schon wie Luftblasen zerplatzt, weil die falsche Methode oder die falschen Mittel eingesetzt wurden. Zurückgeblieben sind dann am Ende oft nur tote Völker!" Quelle: Infobrief *Bienen@imkerei*, Nr. 16, 2014

## ☞ VARROA-MEDIKAMENTE WIE SOLLTE DAS VOLK SEIN?

| | **AS** Schwammtuch oder Verdunster (z. B. Liebig-Dispenser, Nassenheider Verdunster, MAQS) | **MS** gesprüht (Fertigpräparat ad us vet.) | **OXS** geträufelt (z. B. Fertigpräparat ad us vet., Oxuvar) | **THYMOL** Fertigpräparat (z. B. Api life var, Thymovar, Apiguard) |
|---|---|---|---|---|
| **Wirtschaftsvolk im Sommer mit verdeckelter Brut** | ja, wirkt auch in der verdeckelten Brut | nein, wirkt nicht in Brutzellen | nein, wirkt nicht | ja, wirkt nur als Langzeitbehandlung |
| **Wirtschaftsvolk im Sommer brutlos oder nur mit offener Brut** | ja, bremst etwas die Entwicklung | ja, mindestens 2 x anwenden | nein, wirkt nicht | ja, wirkt nur als Langzeitbehandlung |
| **Wirtschaftsvolk im Winter – brutlos** | nein – wirkt nicht (zu kalt) | möglich, aber hoher Aufwand! 2 x anwenden | ja, nur 1 x anwenden | nein, wirkt nicht (zu kalt) |
| **(Kunst-)Schwarm in Kellerhaft** | nein – verbraust! | nein, wirkt nicht in der Bienentraube | ja, möglich | nein – wirkt nicht in der Bienentraube |
| **Ehemaliger (Kunst-)Schwarm auf ausgebauten Waben, brutlos** | nein – Volk zieht aus, verlässt die Waben | ja, mindestens 2 x anwenden | nein, wirkt nicht | ja, Waben sollten ausgebaut und etwas Brut vorhanden sein; wirkt nur über längere Anwendungszeit |
| **Ableger brutfrei oder nur mit offener Brut** | ja, hemmt aber die Entwicklung | ja, mindestens 2 x anwenden | nein, wirkt nicht | ja, wirkt nur über längere Anwendungszeit |
| **Ableger mit verdeckelter Brut** | ja, effektiv | wenig effektiv: mehrfach anwenden | nein, wirkt nicht | ja, wirkt nur als Langzeitbehandlung |
| **Ableger im Winter – brutfrei** | nein – wirkt nicht | möglich, aber hoher Aufwand: 2 x anwenden | ja, nur 1 x anwenden | nein, wirkt nicht |

**Tipp:** „Schnellwirkende Methoden können langsamere Alternativen ersetzen – aber nicht umgekehrt!"
(Quelle: Bayerische Landesanstalt für Weinbau und Gartenbau)

## ☞ VARROABEHANDLUNG DETAILS

| | **AS-VERDUNSTER** z. B. Liebig-Dispenser, Nassenheider Verdunster | **SCHWAMMTUCH** | **AS-STREIFEN** (MAQS) |
|---|---|---|---|
| Wirkstoff | 60 %ige AS | 60 %ige AS | AS in Gel eingebettet |
| Anwendungstyp | Langzeit-Verdunster | Stoßbehandlung (Kurzzeitanwendung) | Langzeitanwendung |
| Anzahl und Dauer der Anwendungen – unbedingt an die jeweilige Varroasituation anpassen! | 2x Langzeitbehandlungen im Sommer, max. 1–2 Wochen | mindestens 4x im Rhythmus von jeweils 2 Anwendungen im Abstand von 4–7 Tagen | 2 Streifen für 7 Tage – evtl. später wiederholen |
| geeignet für Notbehandlung/starken Varroabefall | ja, dauert | ja, schnelle Wirkung | ja, mind. 3 Tage |
| Wirkung auf Milben in Brutzellen | ja | ja | ja |
| Vedunstungsraum, z. B. eine leere (Halb-)Zarge | nötig | auf keinen Fall | nicht nötig |
| Anwendungsmenge | je nach Typ und Volksgröße 150–200 ml je Füllung | 22–44 ml je Anwendung, je nach Volkgröße (***) | Jeder Streifen enthält 68 g AS |
| Verdunstungsmenge steuerbar | ja, Veränderung der Fläche (Papier oder Pappe) | nein, Stossbehandlung | nein (**) |
| Behandlungserfolg ist temperaturabhängig | ja, niedrige Temperaturen: wenig bis keine Wirkung, zu hohe Temperatur: erhöhte Nebenwirkungen (Brutschäden, Königinverluste) | | |
| Varroaboden geschlossen, Gemüllwindel eingeschoben | unbedingt, sonst wirkt AS nicht – Konzentration ist sonst zu gering | | |

| | MILCHSÄURE | OXALSÄURE | THYMOL-PRÄPARAT |
|---|---|---|---|
| Wirkstoff | 15 %ige Milchsäure | 3,5 %ige Oxalsäure | Thymol auf Trägerstoff oder in Gel eingebettet |
| Anwendungstyp | Sprühbehandlung | Träufelbehandlung | mehrwöchige Langzeitbehandlung |
| Anzahl und Dauer der Anwendungen – unbedingt an die jeweilige Varroasituation anpassen! | mehrfach, mindestens 2x (im brutlosen Volk)(*) | jeweils nur 1x in brutlosen Völkern: im Winter; evtl. (Kunst-)Schwärme im Sommer: 1x | je nach Präparat 2x |
| geeignet für Notbehandlung/starken Varroabefall | nein | (Kunst-)Schwarm: ja | nein |
| Wirkung auf Milben in Brutzellen | nein | nein | nein |
| Vedunstungsraum, z. B. eine leere (Halb-)Zarge | nicht nötig | nicht nötig | je nach Höhe des Präparates nur etwas Raum unter dem Deckel |
| Anwendungsmenge | Anzahl Sprühstöße je Wabe dosierbar | Winterbehandlung: abhängig von der Anzahl besetzter Wabengassen 30, 40 oder 50 ml; (Kunst-)Schwarm 100 ml | Thymolmenge je nach Präparat unterschiedlich |
| Verdunstungsmenge steuerbar | nein (**) | nein (**) | nein (**) |
| Behandlungserfolg ist temperaturabhängig | / | / | ja, niedrige Temperaturen: weniger bis keine Wirkung, zu hohe Temperatur: erhöhte Nebenwirkungen (Brutschäden, Königinverluste) |
| Varroaboden geschlossen, Gemüllwindel eingeschoben | nur für Erfolgskontrolle, nicht für die Wirksamkeit nötig | nur für Erfolgskontrolle, nicht für die Wirksamkeit nötig | unbedingt, sonst ist die Thymolkonzentration zu gering |

(*) (Kunst-)Schwärme erst nach Ausbau der Waben und Verteilung der Bienen auf der Wabe
(**) Man kann die Menge des eingesetzten Präparats steuern.
(***) Je Normalmaß-/Zander-Wabe 2 ml, Kuntzsch hoch 3 ml und 1,5 Normalmaß-Wabe 4–5 ml je Wabe

# DIE AMERIKANISCHE FAULBRUT (AFB)

Die AFB ist eine anzeigepflichtige Tierseuche – sie kann nur ausbrechen, wenn der Erreger in das Bienenvolk gebracht wird. Zum Glück ist der Erreger nicht allgemein verbreitet (nicht ubiquitär)!

Die Sporen des Faulbruterregers gelangen z. B. über Räuberei aus erkrankten Völkern in gesunde – oder der Imker verfüttert Auslandshonig (enthält in großen Mengen die Erreger!).

Der Eintrag weniger Sporen löst in einem gesunden Bienenvolk keine Faulbrut aus. Das Hygieneverhalten der Bienen verhindert eine Vermehrung der Sporen im Bienenvolk. Erkrankte Larven werden von Bienen entfernt. Hält der Sporeneintrag jedoch länger an oder werden einmalig sehr viele Sporen in das Volk gebracht, dann reicht die natürliche Abwehrkraft der Bienen nicht aus: Erkrankte Larven bleiben unerkannt, fadenziehende Masse und Schorfbildung – teilweise sind die Symptome auch nicht erkennbar! Völker, die von Grund auf geschwächt sind, haben eine deutlich geschwächte Abwehrkraft: Wenige Sporen können hier ggf. die AFB auslösen!

Schon der bloße Verdacht auf Faulbrut muss bei der Veterinärbehörde angezeigt werden. Ob Ihre Bienen in der Nähe eines Faulbrutstandes (Seuchenherd) stehen, kann über eine Untersuchung von Futter aus den Brutwaben ermittelt werden. Manche Imkervereine organisieren einmal jährlich die Futterkranzprobennahme – ansonsten können Sie die Probe selbst ziehen und zum Labor schicken (ggf. Gesundheitsobmann oder Bieneninstitut fragen).

*Einmal jährlich eine freiwillige Futterkranzprobe abgeben (Vorsorgeuntersuchung).*

# FUTTERKRANZPROBE

1. Sie ziehen eine Brutwabe mit Futterkranz. Mit einem Esslöffel kratzen Sie zwei Löffel voll Honig (Winterfutter) bis auf die Mittelwand aus der Wabe.
2. Geben Sie den Honig in einen 3 l-Gefrierbeutel, den Sie in ein leeres Honigglas gestülpt haben. Mit demselben Löffel entnehmen Sie aus sechs bis zu zehn weiteren Völkern die Futterproben, die Sie in denselben Beutel geben (Sammelprobe). Die Proben von anderen Bienenständen geben Sie in separate Beutel.
3. Verknoten Sie den Beutel und versehen Sie ihn mit einem Aufkleber (Name, Stand, Volks-Nr.). Schicken Sie die Probe an das Labor (gebührenpflichtige Untersuchung).

Das Untersuchungsergebnis besagt, dass keine Sporen (Null) oder eine Sporenbelastung (geringe oder hohe Sporenmenge) gefunden wurde. Bei einer Sporenbelastung sollten Sie immer die Veterinärbehörde und den Gesundheitsobmann des Imkervereins einschalten. Es gilt, die Sporenquelle zu finden, einen möglichst effektiven und bienenfreundlichen Weg der Sporenbekämpfung oder schlimmstenfalls der Seuchenbekämpfung zu finden: Bei „gering" ist dies u. a. eine starke Bauerneuerung, bei „hoch" die Sanierung über Kunstschwärme mit Hungerphase und der Desinfektion der Ausrüstung bzw. die Abtötung der erkrankten Völker. Die Veterinärbehörde entscheidet über den Weg, richtet beim Seuchenausbruch ein Sperrgebiet ein und ordnet Maßnahmen an (ggf. Entschädigungszahlung)! Die Einteilung „gering" und „hoch" wurde offiziell abgeschafft, da in jedem Fall die Veterinärbehörde aktiv werden soll. Diese koordiniert auch Maßnahmen wie Kunstschwarm-Sanierung mit Hungerphase, Reinigung und Desinfektion der Ausrüstung – als flächendeckende Bekämpfung!

**RECHTSTELEGRAMM**

- Die Amerikanische Faulbrut (AFB) ist eine anzeigepflichtige Tierseuche. Bereits der Verdacht ist dem Veterinäramt sofort anzuzeigen (Tierseuchengesetz).
- Die Maßnahmen zur Bekämpfung der AFB sind in der Bienenseuchenverordnung geregelt. Bereits bei Verdacht unterliegen Bienenstände der Standsperre, die Bienen der Umgebung werden in ein Sperrgebiet einbezogen.
- Der Imker ist zur Mithilfe bei der Seuchenbekämpfung verpflichtet, Zuwiderhandlungen werden als Ordnungswidrigkeit geahndet.
- Leerstehende Beuten sind verschlossen zu halten.
- Jeder Imker ist zur Bekämpfung der Milbenseuche und der Varroatose verpflichtet (Bienenseuchenverordnung).
- Die Anwendung von Medikamenten in Bienenvölkern ist in einem Bestandsbuch festzuhalten und 5 Jahre lang aufzuheben, geforderte Daten: Volknummer, Standort, Bezeichnung des Arzneimittels, Datum der Anwendung und Menge des Arzneimittels, Wartezeit (bis zur nächsten Honigschleuderung), Unterschrift des Imkers. Es dürfen nur zugelassene Arzneimittel verwendet werden (Arzneimittelgesetz).
- Arzneimittelrückstände müssen unterhalb der gesetzlich festgelegten Grenzwerte liegen (Rückstandhöchstmengenverordnung).
- Das Veterinäramt kann Bienengesundheitsobleute zur Seuchenbekämpfung einsetzen.

# SERVICE

## — *Wissenswertes für Imker*

# NÜTZLICHE ADRESSEN

## IMKERBUND

**Deutscher Imkerbund e.V.**
„Haus des Imkers"
Villiper Hauptstraße 3
D–53343 Wachtberg
Tel.: +49 (0) 22 8 93 29 20
deutscherimkerbund@t-online.de
www.deutscherimkerbund.de

**Österreichischer Imkerbund**
Georg-Coch-Platz 3/11a,
A–1010 Wien
Tel.: +43 (0) 15 12 54 29
oesterr.imkerbund@aon.at
www.imkerbund.at

**Verein Deutschschweizerischer und Rätoromanischer Bienenfreunde**
Jakob Signer-Straße 4
CH–9050 Appenzell
Tel.: +41 (0) 71 780 10 50
sekretariat@vdrb.ai.ch
www.bienen.ch

## BIENENINSTITUTE

**Arbeitsgemeinschaft der Institute für Bienenforschung e.V.**
Herzogin-Eleonore-Allee 5
D–29221 Celle
Tel.: +49 (0) 51 41 9 05 03 40
poststelle.ib-ce@laves.niedersachsen.de
www.ag-bienenforschung.de

**Österreichische Agentur für Gesundheit und Ernährungssicherheit GmbH**
www.ages.at

**Agroscope**
www.apis.admin.ch

*Imkern – ein spannendes und faszinierendes Hobby.*

# ZUM WEITERLESEN

Zum Weiterlesen finden Sie hier eine Auswahl an Imkerbüchern aus dem Kosmos-Verlag.

## ARBEITEN IN DER IMKEREI

Bentzien, Dr. Claudia:
**Das Imkerbuch für Kids.**

Pohl, Dr. Friedrich und Jörg Knuppertz:
**Imkern rückenschonend und kraftsparend.**

Pohl, Dr. Friedrich (Hrsg.):
**Bienenkiste, Korb und Einfachbeuten.**
Naturnah und erfolgreich imkern.

Pohl, Dr. Friedrich:
**Moderne Imkerpraxis.**
Völkerpflege und Ablegerbildung.

Schüler, Dennis:
**Die Imkersprechstunde.**
Rat und Tat vom Bienenprofi.

Staemmler. Gert:
**Imkern rund ums Jahr.**
Der immerwährende Arbeitskalender.

## BIENENPRODUKTE

Bort, Rosemarie:
**Honig, Pollen, Propolis.**
Sanfte Heilkraft aus dem Bienenstock.

von der Ohe, Werner:
**Honig.**
Entstehung, Gewinnung, Verwertung

## BIENENGESUNDHEIT

Pohl, Dr. Friedrich:
**Bienenkrankheiten.**
Diagnose und Behandlung

Pohl, Dr. Friedrich:
**Varroose.**
Erkennen und erfolgreich behandeln.

## BIENENNAHRUNG

Pritsch, Dr. Günter:
**Bienenweide.**
200 Trachtpflanzen erkennen und bewerten.

# BIENENZEITSCHRIFTEN

**Deutsches Bienenjournal**
Bienenjournal@Bauernverlag.de
www.bienenjournal.de

**Allgemeine Deutsche Imkerzeitung**
dlv-berlin@dlv.de
www.dlv.de

**Imkerfreund**
www.imkerfreund.de

**Schweizerische Bienen-Zeitung**
www.bienen.ch

**Bienen aktuell (Österreich)**
www.bienenaktuell.com

## AUTOR

Friedrich Pohl ist seit seinem 14. Lebensjahr begeisterter Imker und hat bis heute uneingeschränkt an den Bienen seine Freude. Sein erstes Bienenvolk hat er im Schulgarten (in Dortmund), später mehr Völker im Biologiestudium an der Ruhr Universität Bochum gehalten. In seiner Diplomarbeit hat er über Durchfallerkrankungen der Bienen, in der Doktorarbeit an der Universität Bremen über das Auftreten verschiedener Krankheiten in Abhängigkeit von der gefürchteten Varroamilbe geforscht. Seit 1998 arbeitet er im Veterinärdienst der Hansestadt Bremen – er berät dort Imker und bekämpft Bienenkrankheiten. Dienstlich und in seinen Kursen hat er intensiven Kontakt zu Imkern mit unterschiedlichsten Bienenwohnungen (Beuten) und Betriebsweisen, die er auf ihre Erfolge und Vitalität der Bienen hin kontrolliert und begleitet. In seinen Schulungen in Imkeranfänger- und Fortgeschrittenenkursen vermittelt er neueste Erkenntnisse und Bewährtes in Theorie und Praxis für Freizeitimker. Seine Schwerpunkte „Völkerführung und Ablegerbildung“, „alternative Bienenbeuten“, „Bienenkrankheiten und Varroose“ und „Rückenfreundliches Imkern“ finden Sie konzentriert in diesem Buch – und in weiteren Büchern im Kosmos-Verlag. Überzeugen Sie sich selbst, wie sein Motto „Imkern als natürliche Form der Entschleunigung“ zutrifft.

## DANK

Ich danke dem Kosmos-Verlag, insbesondere Frau Hilke Heinemann, für die erweiterte Auflage dieses Buches. Allen Imkerinnen und Imkern, die mich als Gesprächspartner und Fotomodelle unterstützt haben – und für die Geduld dabei – gilt mein Dank. Meinem Freund Georg Hansen danke ich für die langjährige Unterstützung als Imker und Autor.

# REGISTER

## BILDNACHWEIS

Farbfotos von Claudia Bentzien (1: S. 55), Dr. Henrik Hansen (1: S. 147, li. Reihe, 2. v. u.), Dr. Helmut Horn (1: S. 148, 2. v. u.), Frank Jakob(1: S. 19), Dr. Werner von der Ohe (1: S. 148 u.), Shutterstock (39: irin-k S. 4, kosolovskyy S. 7/S. 168, Real Pix S. 8, Andrey_Kuzmin S. 17, Mirek Srb S. 20, id-art S. 22 li./S. 113, joanna wnuk S. 22 re., Little-Desire S. 23 li., Testbild S. 23 re., Auhustisnovich S. 24, Photografiero S. 26/S. 57, Darios S. 27, Sally Wallis S. 28, rsooll S. 34, Patrik Siezak S. 35 li. Mitte, Lukas Beno S, 35 re. o., Kukuruxa S. 35 re. Mitte, Subbotina Anna S. 35 li. u., nuchstockphoto S. 35 re. u., Martchan S. 56, Mirko Graul S. 77, vladimir salman S. 84, Helga Chirk S. 87, Konstantin Gushcha S. 93, U. Gernhoefer S. 104, aabeele S. 105, Valentina Prokurina S. 112/S. 169, Evan Lorne S. 114, Cylonphoto S. 116, 8th.creator S. 129, Jozef Klopacka S. 133, hsfoto S. 134 re., Baloncici S. 138, Peter Vrabel S. 142, Smileus S. 143), istock (1: Jurgute S. 137). Alle weiteren Fotos von Dr. Friedrich Pohl.

Mit 26 Illustrationen von Karsten Elze nach Vorlagen von Dr. Friedrich Pohl.

## IMPRESSUM

Umschlaggestaltung von GRAMISCI Editorialdesign, München unter Verwendung von zwei Farbfotos von plainpicture/brabanski (Vorderseite) und Friedrich Pohl (Rückseite).

Mit 235 Farbfotos und 26 Illustrationen.



Unser gesamtes Programm finden Sie unter **kosmos.de.**
Über Neuigkeiten informieren Sie regelmäßig unsere
Newsletter, einfach anmelden unter **kosmos.de/newsletter**

Gedruckt auf chlorfrei gebleichtem Papier


ISBN 978-3-440-14945-4
Redaktion: Hilke Heinemann
Gestaltungskonzept: Peter Schmidt Group GmbH, Hamburg
Gestaltung und Satz: Claudia Adam Graphik-Design, Darmstadt
Produktion: Eva Schmidt, Andrea Hehn
Druck und Bindung: Westermann Druck, Zwickau
Printed in Germany / Imprimé en Allemagne

FSC www.fsc.org MIX Papier | Fördert gute Waldnutzung FSC® C110508